シリーズ　未来社会をデザインする

Designing a future society

I

包摂と正義の地球環境学

Inclusion and justice for global environmental studies

谷口真人 編

古今書院

a：
海と陸の境界
（アメリカと
　メキシコの国境）

c：
震災前の
岩手県大槌町
（2009年11月7日）

d：
空爆で破壊されたパレス
チナ自治区ガザ地区

口絵 1.1　自然の分断，

b：
貧富の差
の境界
(インド，
ムンバイ)

c'：
震災後の
岩手県大槌町
(2011年6月11日)

d'：
レイシズム
への反対デモ

社会の分断，人の分断　　　　　　　　本文第1章（谷口真人）9ページ参照．

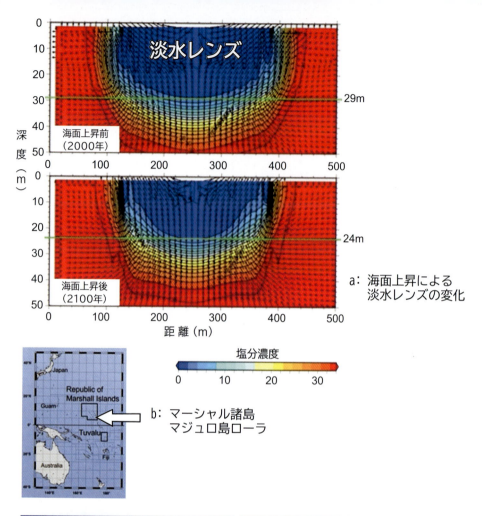

a: 海面上昇による淡水レンズの変化

b: マーシャル諸島 マジュロ島ローラ

淡水の井戸水を使う家 　　　　塩水化した井戸水を使う家

口絵 1.2　マジュロ島の地下水と井戸
本文第1章（谷口真人）36ページ参照.

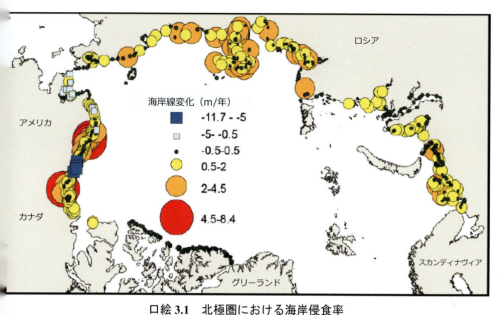

口絵 3.1　北極圏における海岸侵食率
Walsh et al. 2020, Fig.6 に加筆．本文第 3 章（加藤博文）62 ページ参照．

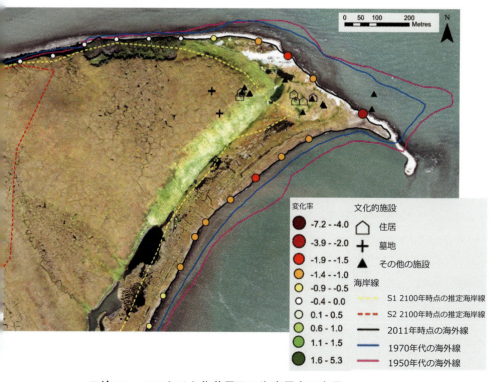

口絵 3.2　ニアクリク集落周辺の海岸侵食の変遷
Irrgang et al. 2017, Fig.3 に一部加筆．本文第 3 章（加藤博文）63 ページ参照．

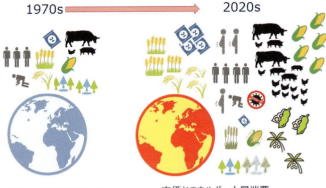

口絵 5.1　緑の革命の社会的インパクト
本文第 5 章（飯山みゆき）112 ページ参照.

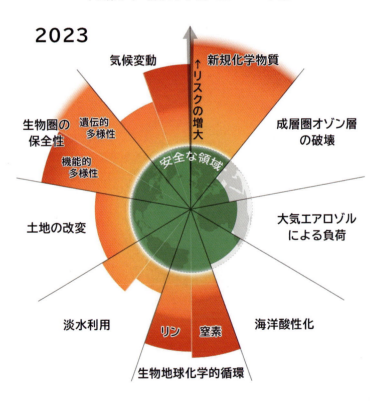

口絵 5.2　プラネタリーバウンダリー越え
本文第 1 章（谷口真人）4 ページ，第 5 章（飯山みゆき）104 ページ参照.
（Planetary boundaries - Stockholm Resilience Centre, Azote for Stockholm Resilience Centre, based on analysis in Richardson *et al* 2023）

vii

口絵 7.1　森のなかを通る石油のパイプライン（写真右端）
エクアドルにて 2004 年池谷撮影．本文第 7 章（池谷和信）146 ページ参照．

口絵 7.2　ワオラニ（先住民）の典型的な家屋
1 世帯のみで居住する．エクアドルにて 2004 年池谷撮影．本文第 7 章（池谷和信）138 ページ参照．

口絵 7.3　人によって衣装が異なるワオラニ
エクアドルにて 2004 年池谷撮影．
本文第 7 章（池谷和信）141 ページ参照．

口絵 8.1　都市のゴミを投入した緑化実験

a〜b〜c は同じ土地の経年変化.

a：都市のゴミを投入した（2012 年 2 月）.

本文第 8 章（大山修一）
156, 157 ページ参照.

b：雨季 1 年目（2012 年 9 月）. トウジンビエやカボチャなどの作物が多く育っている.

c：雨季 11 年目（2022 年 8 月）. 家畜の放牧を繰り返すことで，人為環境に定着する雑草型の植物へと遷移する.

口絵 8.2　首都ニアメのゴミにふくまれる作物の種子や根茎

1 トマト, 2 シトロン, 3 オレンジ, 4 タマネギ, 5 レタス, 6 ニンジン, 7 マガリヤ（*Zizyphus mauritiana*）, 8 アドゥワ（*Balanites aegyptiaca*）, 9 サミャ（*Tamarindus indica*）, 10 ガムジ（*Ficus platyphylla*）, 11 トウモロコシ, 12 レモン, 13 カボチャ, 14 スイカ, 15 ササゲ, 16 アヤ（*Cyperus esculentus*）, 17 ゴリバ（*Hyphaene thebaica*）, 18 マンゴー, 19 カンニャ（*Diospyros mespiliformis*）, 20 ナツメヤシ, 21 トウガラシ.

シリーズ「未来社会をデザインする」
刊行にむけて

ローマクラブによる成長の限界や，世界気候研究計画（WCRP）などの国際的な研究プログラムをきっかけに進んだ地球環境学は，地球温暖化や生物多様性の減少，水資源の枯渇や窒素汚染など，グローバルに広がる様々な課題を研究する学術分野として，現在もその範囲を拡大している．50年間の地球環境学の歴史は，人間活動が加速度的に拡大した人新世の歴史と重なっており，SDGsやカーボンニュートラルに向けた未来社会のあり方が問われる現在，持続可能性研究との協働も進んでいる．また現在の地球環境学は，自然科学に加えて，経済学や法学，公共政策学などの社会科学や，哲学，歴史学，倫理学などの人文学にも及ぶ進化を続けている．本シリーズでは，これまで考えられてきた範囲を超えて広がる地球環境学を，「未来社会をデザインする」地球環境学として，3冊のシリーズ本に取りまとめる．

Ⅰ　包摂と正義の地球環境学

Ⅱ　認識と行動の地球環境学

Ⅲ　システムと変容の地球環境学

まえがき

　人間活動による地球環境への影響が加速した人新世の開始から半世紀以上が経ち，様々な地球規模課題は，複合的に連鎖する複雑な地球環境問題となっている．地球環境の限界を示すプラネタリー・バウンダリーは，2024年現在，9項目のうち既に6項目で安全ではない領域にあるとされている．これらの地球環境危機は，個々の課題が閾値（ティッピング・ポイント）を超える危険性だけではなく，それらがお互いに連鎖し，カスケード的（ドミノ倒しのよう）に急激に変容し，元に戻れない状態になることがより危険であるとされている．

　このような現在の人新世における地球環境問題は，古くは農耕の始まりによる人類の定住化を起源としている．そして，産業革命後の工業化や緑の革命，都市化や情報化社会など，グローバル化による社会変容における均質な価値観の急激な浸透と格差の拡大は，この地球環境問題をさらに深刻化している．人間の価値観が世界すべての尺度であるとする人間中心主義は，自然と人間とを分離して自然を資源化することで，社会や人間生活に豊かさをもたらしてきた．一方で，行き過ぎた自然の資源化は，地球の限界（プラネタリー・バウンダリー）を超え，自然からの相互作用環として人間社会に跳ね返る．しかし，自然環境の保全のみを声高に主張する環境原理主義は，社会の持続性や未来社会のデザインにとっては，人々や社会の間での価値観・世界観の共有を逆に生み出しにくい．

　地球が生まれて46億年の地球史のなかで，大気と水は，太陽放射と重力を主な駆動力として地球と地域を循環している．その中で生まれた生態系は，36億年の生命史を刻んでいる．この大気・水・海の生態・陸の生態は，持続可能な社会の目標であるSDGs（サステナブル・ディベロップメント）の17のゴールの中で，人間社会を支える基盤となっており，SDGsウエディングケーキの最下層をなしている．この持続可能な社会の基盤となる大気・水・生態系の自然を資源化し続けて，その限界を超える状態にある現在の人新世において，自然を回復軌道に乗

せるため，生物多様性の損失を止め，反転させるネイチャー・ポジティブの考え
が，2022年12月に開催された第15回生物多様性条約締約国会議（COP15）で
提案されている．地球温暖化に対する目標の一つであるカーボン・ニュートラル
や，持続可能な社会と経済を目指すサーキュラー・エコノミーと合わせて，これ
からの未来社会に向けての可能性を示している．

　それではこのような未来社会に向けて，人々の価値観や認識・態度・行動の変容，
および社会制度の変容からなる社会転換を生み出すには，何が必要であろうか．
人新世において見られる様々な分断・断絶を乗り越えるには何が必要であろうか．
その答えを模索するには，人の生き方（Well-being）と地球環境問題をつなげて，
人のバイアスや社会の癖を理解し，自然と社会と人のどこに断絶があり，これま
でにどのような分断・断絶を，なぜ作ってきたかを理解する必要がある．

　本書では，現在の人新世に至る過程で我々が作ってきた様々な分断・断絶を，
包摂と正義の観点に焦点を当てて考察する．そこには，植民地化による資源の略
奪や，先住民地における文化の蹂躙，都市と農村の間における社会不正義など，
グローバルな社会課題と地球環境課題における人間文化の規範の問題がある．そ
の中で先の第27回気候変動枠組条約締結国会議（COP27）においては，グロー
バルノースからグローバルサウスへの補償の枠組みが開始された．本書では，自
然と人間社会の間の包摂性や，気候正義，世代間正義，グローバルとローカル正
義，エコロジカル正義など，自然と社会と人における様々な正義と包摂性が議論
されている．

　そしてこれらは，科学技術を基点にしたELSI（Ethical, Regal and Social Issues:
倫理的・法的・社会的課題）や，目指すべき社会像や価値（観）から逆算する
RRI（Responsible Research and Innovation: 責任ある研究・イノベーション）にお
いても議論が加速している．これらの動きは，衡平で包摂的な社会を目指す上で，

気候正義を含めた社会正義が人新世において問われていると言え，弱者や取り残されている関係者との未来社会の共創が必要不可欠であることを示している．本書では，人新世において生じている様々な社会不正義と地球環境問題との関係を，包摂と正義の視点から論述する．

　なお本書は，大学共同利用機関法人・人間文化研究機構・総合地球環境学研究所・実践プログラム「地球人間システムの共創」が，2023 年 9 月に主催したシンポジウム「社会正義と地球環境学」の発表者に分担執筆をお願いした．この出版をお引き受けいただいた古今書院の関 秀明氏，および編集作業や製図のお手伝いをいただいた市原裕子氏，三浦友子氏に，心よりお礼申し上げる．

2025 年 2 月

谷口真人

目 次

口　　絵　　ii

シリーズ「未来社会をデザインする」刊行にむけて　　ix

まえがき　　x

第1章　人の生き方を問う地球環境学

.... 谷口真人　1

地球環境学 × 持続可能性

1.1　地球環境問題は，なぜ，人の生き方の問題なのか　　1

1.2　社会変容と地球環境変化　　11

1.3　包摂と正義　　18

1.4　人・社会・自然をつなぐ人の生き方　　22

1.5　まとめ　　29

第2章　環境正義の修復的アプローチとはいかなるものか

.... 福永真弓　34

地球環境学 × 植民地学

2.1　脆弱なるものたちとは誰か　　35

2.2　なぜ環境正義は修復的アプローチを必要とするのか　　38

2.3　責任の担い手になること　　41

2.4　おわりに　　47

第3章　先住民地における地球環境問題と社会正義

································· 加藤博文　52

地球環境学 × 先住民学

3.1　北極圏の文化遺産が直面する危機　52

3.2　気候変動の先住民族社会への影響　55

3.3　環境正義・気候正義・先住民族　58

3.4　先住民族の方法論と先住民知　61

3.5　研究への先住民族の参画　64

3.6　先住地における社会正義の実現　67

第4章　環境・人権ガバナンスの逆機能としての「被害の不可視化」―オルタナティブとしての生産・消費をめぐる社会関係のローカル化

································· 笹岡正俊　72

地球環境学 × 環境社会学

4.1　なぜ被害の不可視化を問題にするのか　72

4.2　自主規制型の環境・人権ガバナンスの制度化・主流化　74

4.3　紙をめぐる自主規制ガバナンスの形成　76

4.4　土地紛争と植林事業がもたらす被害　77

4.5　被害の不可視化のメカニズム　81

4.6　オルタナティブとしての生産・消費をめぐる社会関係の
　　　ローカル化　85

第5章　緑の革命と社会正義 ·················· 飯山みゆき　90

地球環境学 × 国際開発学

5.1　イントロダクション　90

5.2　環境条件・農業技術・経済発展　91

5.3　緑の革命と多投入・高収量生産システムの確立　92

5.4　緑の革命の不均一な展開　95

5.5　地球沸騰化時代の社会正義と食料イノベーションの使命　102

目次　xv

第6章　気象・気候への人為的介入と ELSI

···笹岡愛美・阿部未来・橋田俊彦・山本展彰・米村幸太郎・小林知恵　112

地球環境学 × 倫理学

6.1　気象・気候と社会　112

6.2　気象・気候への人為的介入　113

6.3　介入にかかわるガバナンスの状況　119

6.4　介入をめぐる倫理的な課題　123

6.5　おわりに　129

第7章　アマゾン熱帯林の保護とグローバルサウスの人々

···························池谷和信　133

地球環境学 × 民族学

7.1　地球環境と社会不正義　133

7.2　アマゾンと熱帯林保護：国のスケール　135

7.3　地域住民のまなざし：村のスケール　138

7.4　グローバルサウスから社会正義を問う

：炭素排出量の削減・生物多様性・先住民　139

第8章　人類は都市の存在を地球システムに包摂できるのか
─将来に不安を感じるわれわれの知恵と日常生活の実践

···························大山修一　143

地球環境学 × 都市農村学

8.1　不安を感じる時代　143

8.2　西アフリカ・サヘル地帯の"不安"　144

8.3　サヘルの砂漠化問題と地域住民の解決方法　147

8.4　砂漠化の原因と都市という存在　151

8.5　地球システムに都市を埋め込む　152

8.6　おわりに：環境問題に取り組む3種の「正義」　153

索　引　158 ／ 執筆者紹介　163

| 第1章 | 地球環境学 × 持続可能性 |

人の生き方を問う地球環境学

谷口 真人

人の生き方と地球環境学のつながりを，包摂と正義の視点から論考する．農耕文明と定住化を起点とする「自然の資源化」は，産業革命後の社会の工業化や都市化・情報化を通して，社会の発展と生活の便宜性を向上させてきた．その一方で，均質な価値観の拡大と定量化・競争化社会における資本保有の格差をもたらし，多様な価値に基づく人間文化の間で，様々な不正義・非包摂的な分断を引き起こしている．「自然を資源としてのみ見る」という人の生き方の拡大は，地球温暖化や生物多様性の減少，窒素汚染問題など地球環境の限界を超える社会（人新世）をもたらしている．これらの解決のためには，人や社会と自然との関係性の見直しと，人の生き方やウェルビーイングが問われており，このことが，地球環境問題が「人の生き方の問題」と言える所以である．

1.1 地球環境問題は，なぜ，人の生き方の問題なのか

本書のタイトル「包摂と正義の地球環境学」は，人間活動の影響がグレート・アクセラレーション（Steffen *et al.* 2007）として全球に加速度的に及び，地球温暖化や生物多様性の減少，水資源の枯渇や窒素汚染などの地球環境問題が深刻化し，人新世（Crutzen and Stoemer 2000）という新しい時代に至った現在において，地球環境と人間社会の持続可能性には，人の生き方として何が必要かを議論する中で生まれたものである．第一章では，この自然と人間社会の関係性における人の生き方を問う地球環境学を，「地球環境学×持続可能性」として述べる．

地球上には，様々な「分断」が存在する．その一つ目は，自然と社会との分断である．口絵 1.1a は，自然界の要素の一つとしての海と陸の境界である．そし

てこの境界は，我々人間が自然界を認識上便宜的に分けた分類・分断でもあり，地球上を移動する様々な物質や動植物はこの境界をシームレスに分布して行き交う．また口絵 1.1a は，行政界としてのアメリカとメキシコとの国境をも示している．陸が地続きで，海が海流で連続しているにもかかわらず，また水はグローバルに陸と海を循環しているにもかかわらず，人間社会が国境という行政界を引いて，管理しているのが「人新世」に至る人間社会の現状である．

　2 つ目の分断は社会の中での分断である．口絵 1.1b は，富裕層と貧困層が住む地域がはっきりと分かれた様子を映し出している．経済的状況の異なるコミュニティーの違いは，社会における治安や環境の違いとしても現れ，経済格差の拡大は社会の分断の拡大を加速させる．この地理的・空間的な分断に加え，時間的・歴史的要因も社会を分断する大きな要素となる．口絵 1.1 の中段の写真は，岩手県大槌町における東日本大震災の前（1.1c）と，津波で町が流された震災の後（1.1c'）の写真である．震災のような大きな災害インパクトは，復旧・復興という時間的に連続する社会での営みだけではなく，帰還者問題や街の将来計画など，社会の中での時間的分断に起因する課題を引き起こす．

　そして 3 つ目の分断が，心の中の価値観の違いによる人の分断である．口絵 1.1d は空爆によって破壊されたパレスチナ自治区ガザ地区の様子を，また口絵 1.1d' はレイシズムへの反対デモの様子を写している．人々が心の中に持つ，考え方や信念，意識，動機や価値は，目には見えない．これらが「分断」のベクトルとして目に見える「行動」に現れたものの例が，戦争であり，人種差別となる．しかし，このような様々な分断が，どのようにしてできたのであろうか．地球が誕生して 46 億年が経過し，生命が誕生して 38 億年，人類が誕生して 250 万年の歴史の中で，これらの分断を生む現在の人新世という時代は，どのように位置付けられるであろうか．それを知るには，我々が今生きている人新世という時代が，どのような経路を経て生まれてきたのか，どのような社会の変容を経てきたのかを知る必要がある．

　我々人類は，今から約 1 万 2000 年前の「完新世」が始まる比較的暖かい時期を境に，定住化による食料の生産という農耕文明を享受し始め，現在の人間活動の影響が地球上の隅々にまで及ぶ「人新世」に至るまで，その恩恵を受けてきた．その間には 18 ～ 19 世紀の産業革命とその後の工業化があり，社会経済の発展の

恩恵を受ける一方，資源と文化の略奪を行ってきた植民地問題があり，そして文化の蹂躙としての先住民問題を引き起こしてきた．これらに代表されるこれまでの様々な「社会不正義」は，社会における弱者を産み，マージナライズ（疎外）された人々と社会を，縁辺・周縁へと追いやってきたとも言える．この先住民に対する社会不正義については，本書第3章（加藤）に述べられている．

　このような包摂と正義に反する社会の変容は，科学技術とも関連する．ハーバー・ボッシュ法によるアンモニアの人工生成技術の発明は，人工肥料の大量生産と食糧増産を可能にした「緑の革命」という社会変容を起こし，飢餓や貧困の減少に大きく貢献した．しかしその反面，化学肥料による窒素をはじめとした汚染が地球規模で広がり，水資源の枯渇にも繋がっている．そしてこれらの負の影響は経済的・社会的な弱者に，より強く現れることが指摘されている（Ludwig *et al.* 2007）．この緑の革命に関連する包摂と正義に関しては，本書第5章（飯山）に詳細に述べられている．

　また2024年現在，地球上の総人口は81億1900万人を超えたが（UNFPA 2024），地球上に住む人の中で，都市域に住む人口が，非都市に住む人口を超えたのが2014年であり，現在もこの「都市化」が進行している．そしてこの「都市化」は，資源から作られるグッズの生産・流通・貯蔵・消費・廃棄のプロセスを通して，非都市域（外部環境）への依存を強めている．都市域が非都市域へ大きな環境負荷を与えていることを考えると，都市域は非都市域に対する「環境不正義」を負っているとも言える．農山村域から都市域への主に経済性を理由とする労働力の移行も，地域の持続性の観点からは，社会不正義の一つと言えるかもしれない．なお社会経済の分野では，財や資源が「グッズ」であるのに対して，処理をするのに費用がかかる廃棄物は「バッズ」と定義される．しかし，ある人にとっては不要なごみ（バッズ）が，他の人にとっては必要なもの（グッズ）になることもあり，経済上の価値交換上の正義に加え，社会上の正義や，環境上の正義を含めた包摂性が，都市と農村の間でも必要になる．この都市と農村の間の正義と包摂に関しては，第6章（大山）に述べられている．

　また工業化・都市化に加えて，グローバル化，および情報化の拡大により，人新世では均質でわかりやすいな価値観が広がり，定量化・競争化社会における格差が増大している．効率性や便宜性といった均質な価値観は，それと対峙する多

様な価値観を容易に凌駕する傾向にある．企業による環境・人権ガバナンスの制度化が，逆に地域での被害の不可視化を引き起こしていることも指摘されている（第4章 笹岡）．

　このような「人新世」に至る様々な社会変容と社会不正義からなる，いわゆるグローバルノースとグローバルサウスの関係を受けて，2022年11月にエジプトで開催された国連気候変動枠組条約第27回締約国会議（COP27）では，これまでの経済発展により環境負荷を出してきたグローバルノースから，その環境負荷の影響による地球温暖化などの被害を強く受けているグローバルサウスへの補償の枠組みの議論が始まった．この枠組みは，これからの未来社会を考える上で，これまで取り残してきた，そして疎外され周縁に追いやられてきた人々と社会も含めて，包摂的で多様な社会を，どのように衡平で不正義のない社会として作っていくかという気候正義の議論のフレームの中で起きている．なお気候正義については，人為的介入とELSI（Ethic, Legal and Social Issues）の観点からは第6章（笹

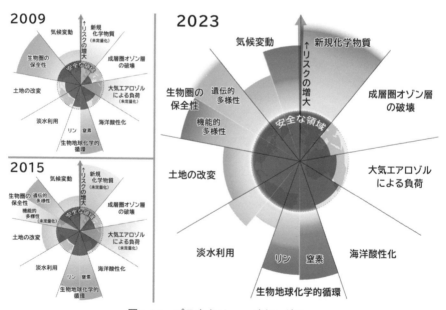

図1.1.1　プラネタリー・バウンダリー
右図については口絵5-2にカラー図あり．
(Planetary boundaries - Stockholm Resilience Centre, Azote for Stockholm Resilience Centre, based on analysis in Richardson *et al* 2023)

岡）で述べられており，またグローバルノース・グローバルサウスの社会不正義については第8章（池谷）でも述べられている．

　では，人新世における地球環境は，どのように捉えられているであろうか．図1.1.1は，地球環境を支える様々な要素を，「限界を超えた安全ではない領域」と「安全な領域」として評価したプラネタリー・バウンダリー（PB）である（Folke *et al.* 2021）．なおプラネタリー・バウンダリー（地球の限界）の概念は，ストックホルム・レジリエンス・センターに当時いたヨハン・ロックストローム博士（現ポツダム気候影響研究所所長）たちにより開発された概念で，地球の安全，閾値を超えた不可逆的な状態を評価するものである（Steffen *et al.* 2015）．2009年のPBでは，7項目中3つ（気候変動，生物圏の保全性，窒素）が「安全ではない領域」とされ，2015年のPBでは，生物多様性に関連する「生物圏の保全性」と，窒素やリンなどの「生物地球化学的循環」がすでに「限界を超えた領域」として評価され，地球温暖化の「気候変動」と「土地の改変」が「安全ではない領域」として評価されている．さらに2023年のPBでは，新規化学物質や淡水利用も「安全ではない領域」とされ，9項目中6つがプラネタリー・バウンダリーを超えたとされている．

　このような地球規模の安全・限界を超えた領域が示される中で，図1.1.2は，地球温暖化の程度に応じて，世界で起こり得るリスクの連鎖（ティッピング・カスケード）の可能性を示している．これは人間活動の影響により，地球が不可逆性を伴うような大規模で劇的な変化の転換点であるティッピング・ポイント（tipping point）に達し，それがドミノ倒しのように連鎖が起こることを示すものである．なお，地球システムにおいて，ティッピング・ポイントを超えてしまいそうな大規模なサブシステム（ティッピング・エレメント：tipping element）として指摘されているものには，グリーンランドの氷床融解をはじめ，永久凍土の融解，南極氷床の融解，アマゾン森林破壊などがある．

　谷口（2023）は，物理的関係性と経済・環境的関係性や，直接的・間接的な関係性などを含む，総括的な新しい関係性を表す「ネクサス」概念において，相関関係・因果関係・相互作用関係・テレコネクション・テレカップリングなどを整理している．このティッピング・カスケードはこの関係性の中のテレコネクションの1つであり，地球システムにおいてティッピング・ポイントが遠隔的に相関

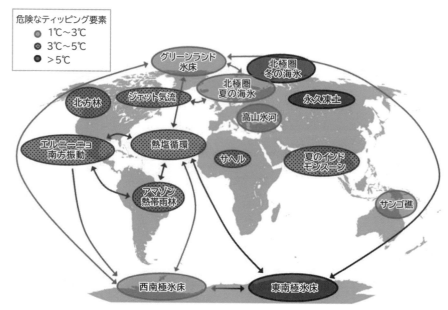

図 1.1.2　ティッピング・カスケード
(Steffen *et al.* 2018).

(teleconnection) し，1つのサブシステムにおける臨界状況が他のサブシステムに波及して，ドミノ倒しのような影響をもたらし，通常の気候システムにとって予期しないような影響を及ぼす可能性があることを示している．なおこのティッピング・ポイントは1～2℃程度の気温上昇による温暖化では起こらないとされているため，パリ協定では温暖化を2℃以下，可能な限り1.5℃以下に抑制することが謳われている．なお Liu (2023) は，ティッピング・エレメントの一つであるアマゾン熱帯雨林が転換点に達すると，そこから遠く離れたチベット高原にその影響が波及し，大きなインパクトを及ぼす可能性 (tipping cascade) を指摘している．

プラネタリー・バウンダリーで示された生物多様性に関する「生物圏の保全性」については，生物多様性および生態系サービスに関する政府間科学 - 政策プラットフォーム (IPBES: Intergovernmental Science - Policy Platform on Biodiversity and Ecosystem Services) などで議論が進められている．

図 1.1.3 は，IPBES が 2022 年に出した，Value Assessment (IPBES 2022) の価値の分類を表している．ここでは自然と人間社会との関係性を大きく4つの世界観

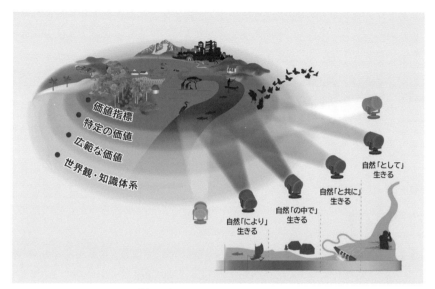

図 1.1.3　IPBES Value Assessment
(IPBES 2022)

に分類し，1) Living from nature（自然「により」生きる），2) living in nature（自然「の中で」生きる），3) living with nature（自然「と共に」生きる），そして4) living as nature（自然「として」生きる）としている．

　1) の living from nature の考え方は，人間社会のために自然を利用して，「自然を資源としてのみ見る」人の生き方に近い価値観と言える．人新世に至るまでの資源利用は，地球環境の限界を知ることなく，この 1) の人の生き方に近い自然と人間社会との関係性を基本に，様々な経済・社会活動が行われてきたと言える．一方で，4) living as nature は，自然と人間社会が一体となった状態の価値観を示しており，先住民社会（indigenous society）の価値観に近いものであるかもしれない．

　IPBES の Value Assessment における，自然と人の関係性の世界観の分類では，1) 自然「により」生きるや 2) 自然「の中で」生きるは「人間中心主義」であり，一方で 3) 自然「と共に」生きるは「生物・環境主義」であるとしており，また 4) 自然「として」生きるは「多元的中心主義」と説明している．そしてこれらは知識・慣習・信念の総合的な体系としての知識体系が，学術的・先住的・地域的であるかという観点などによって分類されている．

このような価値体系・世界観の再考は，これまで人類が行ってきた植民地問題や先住民問題をはじめとする様々な社会不正義や，人間社会活動と地球環境問題との関係で発生している地球温暖化によるグローバルノース・グローバルサウスとの間での気候正義の問題，緑の革命や都市化の問題など，人新世に至る社会変容の中で発生した，様々な社会不正義を再帰的に捉え，人と社会と地球環境を包摂的に考える上で重要となる．そしてこのような議論は，未来の自然と人間社会のあり方を考える重要な材料となり得る．

それでは，プラネタリー・バウンダリーで示されたような，地球環境の限界と閾値を超える連鎖（ティッピング・カスケード）による危機を迎えた人新世において，人類はどのように持続可能な社会を構築できるのであろうか．そのためには，人はどのように生きるべきであろうか．

図 1.1.4 は，この問いを考える上で必要な，地球環境（自然）と持続可能な社会（社会），そして人の生き方（人）との関係を同心円として表している（谷口 2023）．プラネタリー・バウンダリーで示された大気や水，生態系や窒素などの，地球環境（外円）としての安全・限界の範囲とその連鎖を理解し，自然環境から生産する食料やエネルギーの持続的な資源利用を通して，人類は産業・経済・社会活動を営むにはどのようにすれば良いであろうか．そしてその様々な社会経済活動の中で，不正義のない都市と農村との関係や，非格差社会などの持続可能な社会（中円）を構築するためにどうすれば良いだろうか．その根本には，正義や包摂といった規範や哲

図 1.1.4 人の生き方と地球環境
（谷口 2023）

学に代表されるような「人の生き方（どのように人は生きるべきか）」が最も重要となる（内円）．そしてこの「地球環境問題は人の生き方の問題である」という捉え方は，「自然」と「社会」と「人」を繋げることであり，「地域と地球」という空間的な地球—人間社会システムを入れ子状に捉え，また「グローバル化社会と地域文化」という質的な地球—人間社会システムを重層的に捉えることにもつながる．

この「人」と「社会」と「自然」とのつながりは，グローバルリスク（人のリスク，社会のリスク，地球のリスク）やグローバルヘルス（人の健康，社会の健康，地球の健康）としても議論されはじめている．グローバルリスク意識調査（the Global Risks Perception Survey :GRPS）は，20 年近くにわたりグローバルリスク報告書の基礎となっているとともに，世界経済フォーラム独自のグローバルリスクデータの主要な情報源となっている．直近の GRPS2024（World Economic Forum 2024）は，変化するグローバルリスクの展望（ランドスケープ）について，学術界，企業，政府，国際社会，市民社会の 1,490 名の専門家の主要な考察をまとめている．GRPS は，現在と 2 年先，10 年先という 3 つの時間軸での分析を行っており，最新の 2024 年報告では，急速にトップ 10 入りした 3 つのリスクとして，「偽情報」「紛争の拡大」「経済の不確実性」を挙げており，さらに今後 10 年間のグローバルリスクの具体化と管理を形作る構造的な力として，以下の 4 つを挙げている．

1) 地球温暖化とそれに関連する地球システムへの影響に関する道筋（気候変動）
2) 世界人口の規模，成長，構造の変化（人口動態の分岐）
3) 最先端技術の発展経路（テクノロジーの加速）
4) 地政学的パワーの集中と根源における物質の進化（戦略地政学的シフト）

なお，リスク報告 GRPS2024 は，人工知能（AI）やその他のフロンティア・テクノロジー開発の主要な原動力が，公共の利益ではなく，商業的インセンティブや地政学的な理由に限られるなら，高所得国と低所得国の間のデジタル格差は，関連する利益（そしてリスク）の分配に著しい格差をもたらすだろうとも指摘している．脆弱な国やコミュニティはさらに取り残され，経済生産性，金融，気候，教育，医療，そして関連する雇用創出に影響を及ぼす AI の飛躍的進歩からデジタル面で隔離されることも懸念されている．また，感情とイデオロギーが

事実を覆い隠してしまうと，公衆衛生や社会正義，教育，環境など，さまざまな問題に関する公の議論に操作的な言説が浸透しかねない懸念も指摘されている．ねつ造された情報はまた，あらゆる場面での偏見や差別から暴力的な抗議活動，ヘイトクライム，テロに至るまで，敵対意識を煽る恐れがあることもリスク報告GRPS2024 で指摘されている．

　一方，グローバルヘルスの起源は，19 世紀のヨーロッパから始まった，黄熱病などの疾患を植民地支配下で撲滅しようとする「植民地医学」であり，20 世紀初頭には「ヨーロッパの植民地支配者の健康を守り，熱帯病による健康被害から守る」ことから，「植民地医学」は「熱帯医学」へと，そしてさらに「インターナショナルヘルス」という概念に拡大していった．さらにその後は，ミレニアム開発目標（MDGs）や持続可能な開発目標（SDGs）とも関連づけられ，経済・社会・環境の目標を達成するための基盤としての健康が強調されるようになり，「グローバルヘルス」という概念に発展していった（Holst 2020）．さらに最近では，「グローバルヘルス」に加えて「プラネタリーヘルス（Planetary Health）」や「ワンヘルス（One Health）」への展開も見られる．つまり健康（ヘルス）分野においても，植民地問題を起点として，グローバルサウスとグローバルノースとの関係における，包摂（inclusive）と正義（justice）を踏まえた地球環境と人間社会の関係性の議論が展開されている．

　上記ように，「地球環境問題」を「人の生き方の問題」として捉え，「人」と「社会」と「自然」をつなげることが，持続可能な未来の社会にとって必要であるという考え方は，以下の，これまでの社会変容を基礎においている．人類がこれまで行ってきた「自然の資源化」は，工業化や都市化・情報化を通して，社会経済の発展と生活の便宜性を向上させてきた．その一方で，均質な価値観の急激な拡大と定量化・競争化社会における資本保有の格差をもたらし，多様な価値に基づく人間文化の間で，様々な分断を導いている．また，自然を資源としてのみ見る人の生き方の拡大は，地球温暖化や生物多様性の減少，窒素汚染問題など地球環境の限界（プラネタリー・バウンダリー）を超える社会（人新世）をもたらしており，持続可能な社会の構築へ向けた社会変革（トランスフォーメーション）が急務である．そのためには，人や社会と自然との関係性の見直しと，人の生き方やウェルビーイングが問われていると言える．

1.2 社会変容と地球環境変化

　地球環境変化を，人と社会の変容と関連付けて考える視点は，人新世においては必要不可欠である．図 1.2.1 は，20 世紀以降に人類が作り出した物質の乾燥重量の変化を示している (Elhacham *et al.* 2020)．それによると 2020 年 ± 6 年には，人為起源の乾燥物質重量が地球史と生命史によって生まれた現在の生物質量を超えるとされている．人為起源の乾燥物質の中で最も多いのがコンクリートであり，ついで骨材（砂利など），レンガ，アスファルトと続く．この人為起源の物質量の急激な増大は，1950 年ごろを起点とするグレート・アクセラレーションが始まった「人新世」の開始時期と一致している．

　それでは人為起源の物質量の経年変化と世界の経済状況は，どのくらい関連しているであろうか？　図 1.2.2 は，地球上の人為起源の物質量の増減が，大きな社会経済的要因によりどれだけ影響を受けたかを，相対年変化率として表したものである (Elhacham *et al.* 2020)．20 世紀前半に経験した 2 つの世界大戦や世界恐慌では増減を繰り返しながらも，人為起源の物質量が相対年変化率 1 〜 2% で増加していた．一方，1950 年頃を境に始まった「人新世」以降では，それまで

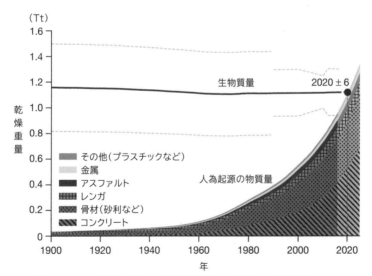

図 1.2.1　20 世紀以降に人類が作り出した物質の乾燥重量 (Tt)
(Elhacham *et al.* 2020)

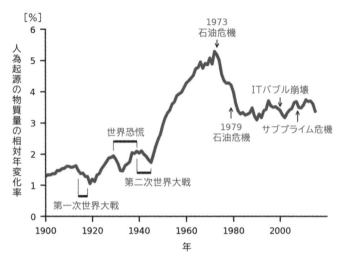

図 1.2.2　20 世紀以降の大きな社会経済的要因と
人為起源物質量の相対年変化率
(Elhacham *et al.* 2020)

とは異なる変化を示し，1973 年の石油危機までは相対年変化率が 2% から 5% 以上へと増大したが，2 度の石油危機後は 3% 程度に増加率は減少し，それ以降は 3.5% 程度の増加率で現在も増え続けている．

　次に，社会変容と資源利用との関係の変遷を，都市化に伴う異なる水資源への依存性の変化（地下水から表流水へ）の視点から見てみる．図 1.2.3 はアジアにおける 6 つのメガシティ（東京，大阪，バンコク，ジャカルタ，マニラ，台北）における，水利用に占める地下水依存度の経年変化を示している（谷口 2011）．都市の発達段階と人口増加による水資源開発・水利用の変化を見ると，都市発達の初期段階では水資源開発の初期投資の経済負担の少なさから，土地に既存する地下水の利用が相対的に多い．実際に 20 世紀当初は，アジアにおける 6 つの都市のいずれも，水利用に占める地下水の割合は，60% 〜 90% と非常に高い依存度を示していた．

　しかし，都市化の進行により都市域の人口が増加し，地下水だけでは水需要が賄えなくなると，周辺に河川水を貯留するダムを建設し，そこから水を導入することで，地下水の依存度がどんどん小さくなったことが明らかである（図 1.2.3）．

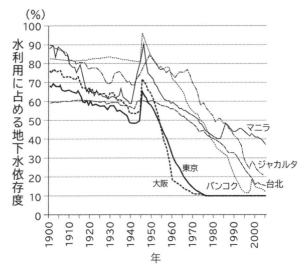

図 1.2.3 アジアのメガシティにおける水利用に占める地下水依存度の変遷
(谷口 2011)

つまり，都市化の進行に伴い，水資源供給元が近い水（地下水）から遠い水（河川水，ダム水）へとシフトしたことを示している．この傾向の中で唯一の例外が，第2次世界大戦であり，この時期は地下水への依存度が上昇した．このことは，戦争や大地震などの災害時における，近くの水である地下水の重要性を示しているとも言える（谷口 2024）．そしてこれらのことは，平時と緊急時での水利用形態の総合的な制度を含む，包括的な水資源共有方法の一つとして，地震など災害時・緊急時の井戸水利用が議論され始め，その制度化に向けた取り組みが進められている（遠藤 2021）．なお都市化は現在も全球的に進行し，2007年には都市人口の総数が非都市人口を初めて超えており，都市化と水資源の確保は，都市とその周辺域の間での資源を介した包摂性の典型的な例であり，食料やエネルギーなどそのほかの資源においても同様な関係が指摘できる．

図 1.2.4 は，この時間スケールをさらに過去に伸ばし，産業革命前の17世紀から産業革命後，そして現在の人新世に至るまでの，実質 GDP の地域ごとの世界シェアの変化を表している（Maddison 2007 をもとに図化）．産業革命前は，モンスーンアジアにおける豊富な水（SDG 6）と温暖な気候による豊富な生物資源

14　地球環境学×*持続可能性*

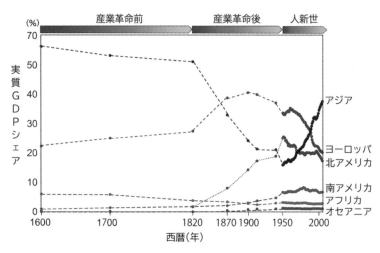

図 1.2.4　グローバル地域ごとの実質 GDP シェア（%）
（Maddison 2007 から作図）

（SDG14, 15）により，「人口扶養力」の高いアジア地域が，実質 GDP の世界におけるシェアが最も高く，60% から 50% であった．それが化石燃料を主エネルギーとする産業革命により，世界の経済の中心がアジアからヨーロッパ・北米に移り，ヨーロッパでは実質 GDP のシェアは，産業革命前の 25% から産業革命後には 40% 近くに上昇し，北米ではこれが，数 % から 20% 以上に急増した．

　しかし，第 2 次世界大戦後には再びアジアが実質 GDP のシェアを拡大し，1970～1980 年代以降，アジアの実質 GDP が欧米のシェアを超える．日本では，産業革命後の工業化は，太平洋ベルト地域に作られた工業地帯を中心に経済発展が拡大し，その恩恵を享受してきた．そして日本の沿岸域は，地質学的には地下水を多く含み，水を通しやすい砂礫層などの第四紀沖積層（約 200 万年前以降に堆積）からなり，モンスーンアジアにおける豊富な降水が，河川を通して海に流れ出す，水が豊富な地帯である．この豊富な水の存在が，19 世紀初頭までのアジアにおける高い人口扶養力（図 1.2.4）の所以である．そしてこの水が豊富な太平洋ベルト地帯の沿岸域には，後に地球温暖化の原因となる，産業革命の主役である石油・石炭などの化石燃料を海外から輸入するために，大きな港湾施設が建設された．これはもともと水が豊富な流域下流の沿岸に，化石燃料を輸入でき

る港湾施設をつくることで，水とエネルギーが合体してシナジー効果（相乗効果）が生まれ，日本における戦後の経済発展をもたらしたと言える．一方で，工業化には多くの水とエネルギーを必要とする．地下水の過剰揚水が原因で起こる地盤沈下は，戦後に発達した工業地帯でほぼ例外なく起きている．このように，水とエネルギーのシナジー効果が経済発展をもたらした一方で，その際に発生した地盤沈下や大気汚染，水質汚染（地下水汚染）などの環境問題は，経済発展とトレードオフ（二律背反）となったとも言える（谷口 2024）．このようにアジアが急激に実質 GDP を急上昇させる時期（1950 年以降）は，図 1.2.2 で見た人為起源の物質量が急激に増えるグローバルアクセラレーションの時期（人新世）と同時期であり，この時期の日本を含むアジアにおける歴史経済的な考察は，「世界史のなかの東アジアの奇跡」（杉原 2020）としてまとめられている．

　産業革命を起点とした工業化とグローバリゼーションがもたらした「社会」と「人の生き方」の変化の最たるものは，モノの「均質化」と社会での「効率化」，そしてそれを人々が希求する「簡便性」であろう．社会活動を効率的・簡易的に進める上では，多様な自然を「均質化」して「資源化」することが必要となる．例えば，水資源に関していえば，自然界に存在する水は太陽放射と重力を駆動力に地球・流域を循環（水循環）している．その自然界における水循環の一部の水を社会の中で利用するためには，水量や水質を整えるという水の「均質化」を行う必要がある．この「自然の均質化」には，通常，エネルギーとインフラが必要になる．自然の水の均質化による水資源の例としては，飲み水としてのボトル水や，海水の淡水化，ダムなどの水の貯留施設，配水や汚染水の処理施設などがあり，自然界の水循環とは異なる付加的なエネルギーや施設が必要となる．

　一方，行きすぎた水の資源化は，多様な自然・生態系を維持する水環境の多様性を損なう危険性がある．例えば，淡水・汽水・海水など水質の異なる水環境で生きる生態系などがその影響を受ける．この自然の多様性（包摂性とつながりの強い概念）は，御述する「エコロジカル正義」と強く関連する．自然と人間社会との関係性において，その効率性や簡便性といった非常にわかりやすい価値観が「人新世」において広がっていく中で，自然を「資源としてのみ見る見方」が非常に強くなり，環境や多様な価値として自然を見るという見方が弱体化しているのが人新世の現状と言える．

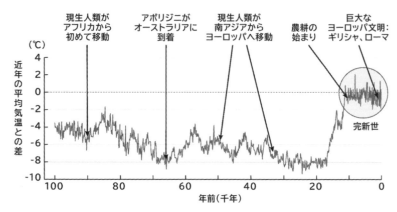

図 1.2.5　人類史的変遷と地球環境変化
(Folke et al. 2021)

　図 1.2.5 はさらに時間軸を過去に伸ばし，人類史としての変遷と地球環境変化との関係を，気候変動（気温の変化）との関連として表している（Folke et al. 2021）．現在から約 9 万年に始まったとされる「出アフリカ（現生人類がアフリカから初めて移動した）」の時期は，現在よりも気温が約 5～6℃低かった時期であり，アボリジニがオーストラリアに到達したとされる今から約 6 万 6 千年前には，気温は現在よりも 8℃低かった．つまり全球的な寒冷期に，人類は生き延びるために大陸を移動していったと言える．
　それが，今から約 1 万 8 千年前頃からの気温の上昇により，気候が比較的温暖な「完新世（今から約 1 万 2 千年前以降）」になると，人類は農耕を始めて定住化し，古代 4 大文明（メソポタミア文明，エジプト文明，インダス文明，中国文明）や，ギリシャ文明やローマ文明などの巨大なヨーロッパ文明を築いてきた．このような社会変化のベースの上に，先述した社会経済活動（図 1.2.2, 1.2.4）や，都市化に伴う資源利用の変化（図 1.2.3），社会の物質化（図 1.2.1）が，現在の人新世を導いてきた．
　図 1.2.6 は，さらにこの時間軸を，宇宙史（137 億年）・地球史（46 億年）・生命史（38 億年）・人類史（250 万年）・文明史として伸延し，持続可能な開発で議論されている SDGs（Sustainability Development Goals）ウエディングケーキと関係付けて並べたものである（谷口 2023 を改変）．

第1章 人の生き方を問う地球環境学　17

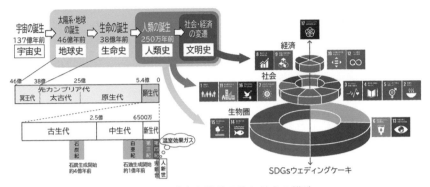

図 1.2.6　地球史と持続可能な社会の構造
(谷口 2023 を改変)

　ビッグバンによる宇宙の誕生により，物質世界と非物質世界（情報などを含むとも言われる）が分かれ，その後の今から46億年前に地球が誕生した後は，地球上の大気と水は，太陽放射と重力を駆動力として，地球上を循環し続けている（大気水循環）．これがSDGsウエディングケーキ最下層の目標6【水と衛生】と目標13【気候変動】に相当する「水」と「大気」である．また今から38億年前に始まる生命史は，生物進化を遂げながら，現在の海と陸の生態系を形成しており，これがSDGsウエディングケーキ最下層の目標14【海の生態】と目標15【陸の生態】である．この最下層の4つのSDGsは,「自然と社会と人」のつながり（図1.1.4）の最も基盤となる要素であり，後述する人と人の間の「環境正義」と，人間以外の自然（生態系・動植物，水，空気）の要求に対して人間社会が答える正義である「エコロジカル正義」の両方に関わる要素となる．
　SDGsウエディングケーキの中層は，人類の誕生以降の人類史と社会の形成によるもので，社会の発展に関する目標7【エネルギー】と目標11【接続可能な都市】に加え，包摂や正義に強く関連する，目標1【貧困】目標2【飢餓】目標3【保健】目標4【教育】目標5【ジェンダー】目標16【平和】からなる．さらにSDGsウエディングケーキの上層は，社会の中で営まれる経済に関するSDGsの要素である目標8【経済成長と雇用】目標9【インフラ，産業化，イノベーション】目標10【不平等】目標12【接続可能な消費と生産】）など，社会の変遷により築かれた文明史に相当する要素である．そしてその上で，人新世にとって必要な目標17【パートナー

シップ】がそれらをつなぐ要素として挙げられている.

このように、SDGsの17項目はそれぞれが重要であるが、並列的に捉えるのではなく、SDGsウエディングケーキのように階層化して「構造的」に捉えることが重要である. さらにSDGsの階層化を宇宙史・地球史・生命史・人類史・文明史のような時間的な変遷と連結する「構造化」も必要である. 加えて、これらの要素間には、2律背反(トレードオフ)と相乗効果(シナジー)があり、この質的な関係性は「ネクサス関係」として谷口(2023)に整理されている.

1.3 包摂と正義

ここではまず、人と人との間の環境に関する正義である「環境のための正義(justice for the environment)」としての「環境正義(environmental justice)」を取り上げる. そしてその後に、「人間以外の生態系の要求に対して人間社会が答える正義」である「環境に対する正義(justice to the environment)」としての「エコロジカル正義(ecological justice)」を取り上げる(押井2021).

人と人との間における環境に関する正義である「環境正義」に関しては、シュロスバーグ(Schlosberg 2007)が示した、1)分配の正義、 2)承認の正義、3)手続きの正義 の多元的アプローチが、現在、最も整理されたものとして使われている. 1)分配の正義は、ロールズ(Rawls 1999)の正義論(A Theory of justice)をもとに展開されており、ロールズは、各々の「善」に優越する普遍的な概念として「正義」を定義し、分配の結果の公平さを「分配の正義」の状態とした. シュロスバーグの多元的アプローチの中でも、この「分配の正義」は、ロールズ以前にも議論されてきた最もわかりやすい正義の一つである. 特に水や土地、食糧、エネルギーなど、自然から得られる「資源」である「環境的財(environmental goods)」は、人間の生命と生存基盤として不可欠な「正の環境的財」であり、人々がそれを得たか得られなかったかという視点から「分配の正義」が定義付けられる. また、大気汚染・水質汚染などの環境汚染や、廃棄物などの負の環境的財(environmental bads)を不当に負わされている状態は、環境的不正義のなかで、特に「分配の不正義」として位置付けられる.

これに加えてシュロスバーグは、社会的正義の問題を分配の問題だけに限定してしまうことは誤りであるとし、分配の正義の前提条件として、承認の正義と、

手続きの正義を示している.「承認の正義」は,様々な文化的視点からなる社会集団にある社会的構造や制度的文脈を踏まえた正義であり,これは全てのコミュニティーが,人種,階級,または社会的・文化的地位に関係なく,文化的・社会的に承認されるものであり,承認がなければ分配の正義は起こり得ないとするものである.また「手続きの正義」も,分配の正義の前提として,意思決定への公正な参加や手続き,平等な情報公開など,行政などの社会の仕組みの中で起こる諸現象における正義の問題である.

上記のシュロスバーグの多元的アプローチをもとにした3つの環境正義の議論に対して,「エコロジカル正義」は,「人間以外の生態系の要求に対して人間社会が答える正義」であり,「環境に対する正義（justice to the environment）」として整理されている（押井 2021）.これは非人間に対する権利（Non-human rights）としても展開されている.例えば,ニュージーランドのマオリ族の地域では,先住民の権利回復の一つとして,伝統的漁を行う河川自体に権利を与える試みが行われている（Gleeson 2024）.そこでは人間ではない自然としての「河川の川底」に裁判権などの権利を与える仕組みが始まっている.実際には「河川の川底」を代表する委員会の代表三人が,その（川底の）権利を代表する形で,自然の川底の権利を行使する.このような取り組みは,先住民に対する社会不正義（主に承認の不正義に基づく社会不正義）を回復する試みとして注目されている.

もう一つの「正義」の議論に,ローカル正義とグローバル正義,および世代間正義がある.これらは先述のロールズ（Rawls 1999）の正義論（A Theory of justice）が起点であり,個と集団の時空間をまたぐ正義ともいえる.後藤（2010）は,上記3つの正義概念を「ローカル正義は,①「社会」内のあらゆる個人を保証し,②社会内グループ間の関係性を調整する要請として正義があり,グローバル正義は①特定の「社会」を超えて個人を保証し,②「社会」間の関係性を調整する要請として正義があり,世代間正義は,①特定の「社会世代（概念を共有できる世代のまとまり）」を超えて個人の権利を守り,②「社会世代」間の関係性を調整する要請として正義である」と整理している.

このローカル正義とグローバル正義,および世代間正義が組み合わさって現れているのが,地球温暖化で議論されている「気候正義（クライメート・ジャスティス）」であり,グローバルノース・グローバルサウスの問題である.そしてそこでは,

分配の正義・承認の正義・手続きの正義の「環境正義」や，「エコロジカル正義」が，包摂的で衡平な社会の構築に必要不可欠な視点であることを示している．なお気候正義は，気候変動に関連する環境的な諸問題と社会的な不公正や不平等を結びつけた概念であり，地理的，経済的，社会的に不平等に現れる気候変動の影響に対処する際に，包括性と衡平性を追求する考え方と言える．またこれは，気候変動の影響，利益や負担を公平・公正に共有し，弱者の権利を保護するという人権的な視点を含んでいる．気候変動は人為的に引き起こされた国際的な人権問題であり，この不公正な事態を正して地球温暖化を防止しなければならないという考え方が共有される必要がある（広兼 2018）．なお，アフリカの 1000 を超す団体やネットワークから構成される「パンアフリカ気候正義連盟（Pan African Climate Justice Alliance）」が 2008 年に設立されており，気候変動対策が気候正義の視点を踏まえて進むよう，政府や国際機関に政策提言等を行っている（PACJA 2008）．

　包摂性に関しての考察は，多様性の議論との親和性が高い．多様性（ダイバーシティ）と包摂（インクルージョン）は，「衡平で持続可能な社会」を作る上で，誰もが認める必要不可欠で重要な視点である．ダイバーシティ（多様性）には，1）インターナルダイバーシティ（Internal diversity），2）エクスターナルダイバーシティ（External diversity），3）オーガナイゼーショナルダイバーシティ（Organizational diversity）があるとされている．1）インターナルダイバーシティは，個人が生まれながらに持つ，人種，年齢，出身国，文化的アイデンティティなどを指し，基本的に自分では変えることができないものである．それに対して 2）エクスターナルダイバーシティは，趣味や家族構成，宗教など，他人や周囲の環境に影響されて変化するものである．3 つ目のオーガナイゼーショナルダイバーシティは，組織の中で割り当てられた特性に関するものであり，勤務地や雇用形態，給与形態などがある．これらのダイバーシティ（多様性）を，最大限尊重し合う社会が求められている．

　しかし，多様性には気をつけなければいけない影もある（鷲田 2024）．多様性を重視するばかりに，社会の構成員を「私たち」と「あなたたち」に分けてしまい，お互いが没交渉になると，相互理解ができない分断社会が広がる（口絵 1.1）．マザーテレサが言う「“愛”の反対は“憎しみ”ではなく“無関心”である」と

言う点は，「多様性」の言葉が広範囲に使われる現在，社会の多様性のある種の危うさをも示しており，鷲田のいう「多様性の影」の部分を表していると言える．

　本書では，人間活動による地球環境への影響が加速した人新世の開始から半世紀以上が経ち，様々な地球規模課題が複合的に連鎖する複雑な地球環境問題となった現在，産業革命後の工業化や緑の革命，都市化や情報化社会など，グローバル化の社会変容における均質な価値観の急激な浸透と格差の拡大により，地球環境問題をさらに深刻化している中で，包摂と正義の観点からの地球環境問題の照射を試みている．現在の人新世に至る過程では，植民地化による資源の略奪や，先住民地における文化の蹂躙など，グローバルな社会課題と地球環境問題における人間文化の規範の問題がある．その中で先の COP27 においては，グローバルノースからグローバルサウスへの補償の枠組みが開始された．これらの動きは，衡平で包摂的な社会を目指す上で，気候正義を含めた社会正義が問われていると言え，弱者や取り残されている関係者を包摂した未来社会の共創が必要不可欠であることを示している．

　本節で議論をした正義を，3 つの視点からまとめたものが表 1.3.1 である．一つ目は，「環境正義」で議論されている「分配の正義」，「手続きの正義」，「承認の正義」である．これは，環境に対する人と人の間における正義の問題であり，プロセスと結果としての正義として分類できる．2 つ目は，個と集団の間の時空間をまたぐ正義としての「ローカル正義」，「グローバル正義」，「世代間正義」である．これは，社会内の個人と社会内グループ間の関係性の「ローカル正義」や，社会を超えた個人と社会間の関係性の「グローバル正義」のような，空間的スケールを超えて議論が必要な正義と，社会世代を超えた個人と社会世代間の関係性の「世代間正義」のような，時間的スケールを跨いだ議論が必要な正義である．これらは個と集団の時空間をまたぐ正義として整理できる．そして 3 つ目は，地球環境としての生態系に対して人間社会が答える正義としての「エコロジカル正義」に加え，地球温暖化が進む人新世における「気候正義」につながる人・社会・自

表 1.3.1　3 つの視点で整理した様々な正義

プロセスと結果としての正義	分配の正義，手続きの正義，承認の正義
個と集団の時空間をまたぐ正義	ローカル正義，グローバル正義，世代間正義
人・社会・自然の間をつなぐ正義	エコロジカル正義，非人間の権利への正義，気候正義

然の間をつなぐ正義である．これらの3つの異なる視点は，並列的ではなく，重層的で相補的である．

1.4 人・社会・自然をつなぐ人の生き方

　ここまで，第1節では地球環境問題と人の生き方の問題のつながり，第2節では社会変容と地球環境変化，第3節では包摂と正義の種類と関係性を述べてきたが，本節では「人」と「社会」と「自然」の間にある様々な正義をつなげ，包摂的で持続可能な社会の構築に向けて，人の生き方と地球環境の新しい関係性を創造するために，これまでの議論の整理を試みた．図1.4.1は，人・社会・自然を三角形の頂点におき，その間をA: 人と社会，B: 人と自然，C: 自然と社会として，第1節から第3節までに議論してきた様々な正義と包摂をまとめたものである．

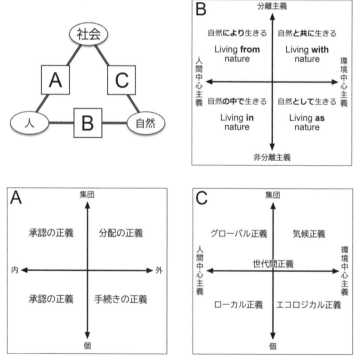

図1.4.1　「人」と「社会」と「自然」をつなぐ正義と包摂

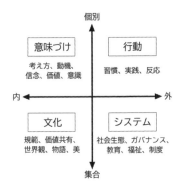

図 1.4.2　人と社会における個と集合および内面と外観
(Shrivastava et al. 2020)

1.4.1　人と社会をつなぐ正義と包摂

図 1.4.1 (A) は，人と社会をつなぐ正義を，横軸に「内」と「外」を，縦軸に「個」と「集団」をとり，環境の正義で議論されている「分配の正義」「手続きの正義」「承認の正義」をまとめたものである．「内」と「外」は Shrivastaba et al. (2020) がまとめた分類（図 1.4.2）に倣い，個人が内面に持つ「意味付け」としての考え方や動機，信念や価値，意識などと，それらが集団で共有されるときの「文化」としての規範，価値共有，世界観や物語などが「内」に相当する．一方，「外」は「行動」としての習慣や実践などと，それらが集団として共有されるときの「システム」としてのガバナンスや制度，教育などを示す．1.4.1 (A) や 1.4.2 の縦軸は「個」と「集団」を表すとともに，図 1.4.1 (A) では，縦軸下が「プロセス」，縦軸上が「結果」をも表している．

植民地問題を起点の一つとする現在のグローバルノースとグローバルサウスにおける社会不正義は，図 1.4.1 (A) の右上象限の「集団・外」に現れる，自然資源などの「分配」の不正義が，社会システムの中で結果として現れていると言える．しかしその要因には，目に見えない内なる「承認の正義」（左下象限）や，目に見える「手続きの正義」（右下象限）の欠如が横たわっている．シュロスバーグ (Schlosberg 2007) の 3 つの正義のうちの「承認の正義」は，個人においても集団においても，目に見えない「内」にあるものを「承認」する正義であり，多様で異なる人種や民族，宗教や価値，世界観などを承認する正義と言える．この欠如が植民地化を起点とするグローバルノース・グローバルサウスへとつながる現在のフレーム（人新世）を招いていると言える．一方で，「手続きの正義」はそれがプロセス

として外に現れるが，植民地化の過程で，その「手続き」が可視化されず，「分配の不正義」として，目に見える形で現れている．つまり，「承認」の不正義と「手続き」の不正義の結果が，人新世における「分配」の不正義につながっている（図 1.4.1（A））．

また都市と農村の間における，自然資源の供給と消費の関係を含む，都市が抱える農村への社会不正義は，プロセスとしての「手続きの正義」の欠如と，結果としての「分配の正義」の欠如として説明される．消費側の都市が，生産側の農村に対して，需要と供給の原理と経済的対価としてのみ行われる価値の交換が，それ以外の価値（農村地域の環境や地域社会の持続性維持への対価など）に対して，正当な「手続き」が取られず，その結果として，社会サービスや社会インフラなどの社会資本の「分配」の不正義として現れているとも言える．なお，人と自然の間における「価値」に関しては 1.4.2 で議論するが，これを人と社会との間における「価値」に援用する議論もあるが，ここでは省略する．

次に，人と社会の間の正義に関して，環境の正義や，恩恵の享受と被害の軽減の間の正義，ローカル正義とグローバル正義との観点から見てみる．図 1.4.3 は，1980 年代から 2010 年代の 30 年間に全球で発生した自然災害数の変化を表している．4 分類のうちの最下段の棒グラフは，地震や津波，火山活動による災害などの地球物理災害の変化を表しており，その発生件数は 30 年間あまり変わっていない．一方，下から 2 段目の棒グラフは，台風や熱帯性低気圧などによる気象災害の発生件数を示しており，また上から 2 段目の棒グラフは，洪水や土砂災害などの水害の発生件数である．気象災害は 30 年間で 2 倍以上，水害は 30 年間で 3 倍以上に増加している様子が明らかである．

このように気象災害や水害が大幅に増加している人新世において，人々はどのような場所に居住しているかを調べたものが図 1.4.4 である（Taniguchi & Lee 2020）．図によると，海抜標高 1m 以下に住んでいる人が最も多い地域はアジアであり，ついでヨーロッパ，アフリカの順となっている．またこの海抜標高 1 m 以下に住む人の数は，アジアにおいては 1990 年から 2010 年までの 20 年間に 30% も増加している．

標高 1 m 以下のウォーターフロントに住む人々は，水に近いところに住むという点では，水の恩恵を受けている人々である．ただその理由は様々であり，景観の良さなどポジティブな理由で住む人もいれば，洪水リスクや劣化環境にもか

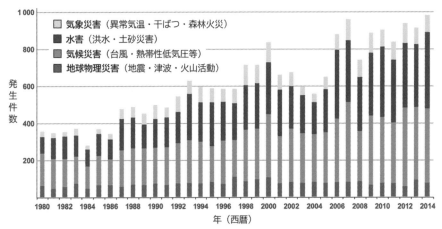

図 1.4.3　様々な災害発生件数の経年変化
(Munich 2015)

かわらず（分配の不正義），そこに住まざるを得ない人々もいるのが現状である．そしてこの洪水リスクや被害を軽減するためには，社会インフラが必要であり，社会資本としてそれをどこまで増やす必要があるかの合意が社会の中で必要になる．これが，水の恩恵を受けつつも，地球温暖化などの影響で増加している洪水被害（図 1.4.3，図 1.4.4）を軽減し，そのために社会資本をどう分配するかとい

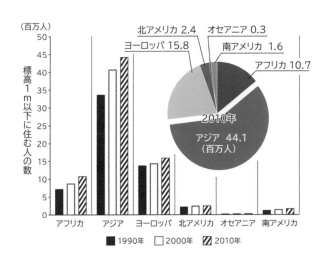

図 1.4.4　海抜標高 1 m 以下に住む人の数
(Taniguchi and Lee 2020)

う問題につながる点で，人々がどこに住むかという「人の生き方の問題」が，地球環境問題と社会のあり方と直結する．またこのことは，water front での人々の暮らしとウェルビーイングにおける「ローカル正義」と，温暖化が進む中で地球規模に増大する災害という，プラネタリー・バウンダリーの safety 議論にもつながる「グローバル正義」とのコンフリクトともなっている．

1.4.2　人と自然をつなぐ正義と包摂

　図 1.1.3 で前述した IPBES の Value Assessment では，「自然」と「人」の関係性の世界観を 4 つの分類として示しているが，図 1.4.1（B）では，横軸に「人間中心主義」と「環境中心主義」をとり，縦軸には「人と自然の分離主義」と「人と自然の非分離主義」を取って，IPBES の 4 分類を整理した．

　「分配の正義・承認の正義・手続きの正義」からなる「環境正義」は，1) living from nature（自然「から」生きる）や 2) living in nature（自然「の中で」生きる）の「人間中心主義」としての「正義」の議論である．一方，エコロジカル正義や非人間への権利は，3) living with nature（自然「とともに」生きる）や 4) の living as nature（自然「として」生きる）の「環境中心主義」につながる正義・包摂の議論となる．

　この人と自然の間の正義と包摂に関する「人と自然の関係性の議論」は，「人間中心主義」と「環境中心主義」の間での議論だけではなく，人と自然を分けて考えるデカルトの 2 元論から派生する「人と自然の分離主義」と，人と自然を一体として考える「風土論」の和辻（1979）や Berque（1986）らの議論に現れるような，人とその人が生まれた自然とを一体とする「人と自然の非分離主義」での議論にも通ずる．1) living from nature（自然「から」生きる）や 3) living with nature（自然「とともに」生きる）は，「人と自然の分離主義」側に立つのに対し，2) living in nature（自然「の中で」生きる）や 4) の living as nature（自然「として」生きる）は「人と自然の非分離主義」側に立った議論となる．

　この IPBES Value Assessment の基礎にもなっているのが，人と自然の間に横たわる「価値」を分類した Himes & Muraca（2018）である．彼らは，自然および人と自然との関係の間における「価値」を次の 3 つに分類している．

内在的価値：自然そのものに対して見出される価値

道具的価値：人間にとって有用な自然の価値

関係価値：自然と人間の関わりの中で見出される価値

　ここで，内在的価値は自然そのものが持つ価値であるため，これまでの生態系サービスとのつながりが強いが，道具的価値は IPBES の living from nature，関係価値は同じく IPBES の living as nature と living in nature，living with nature の 3 つが強く関連している．

　またこの議論は，生態系サービスの議論とも強く連関しており，経済的価値・非経済的価値の両者を含めた生態系サービスは，「供給サービス」・「調整サービス」・「文化的サービス」の 3 つに大きく分類される（これに「生息・生育地サービス」を加える場合もある）．この生態系サービスの各要素と Himes & Muraca (2018) の 3 つの価値の関係においては，「供給サービス」と「調整サービス」が「内在的価値」と「道具的価値」であり，「文化的サービス」が「関係価値」となる．

　このように，図 1.4.1（B）でみた，「人間中心主義と環境中心主義」と「人と自然の分離主義と非分離主義」を軸にした「人」と「自然」との関係性は，様々な「生態系サービス」や「価値」と繋がっており，人と自然との関係性における正義と包摂に関しても，それらを包括した理解が必要となる．

　先住民に対する不正義や植民地政策による不正義には，多くの先住民が持つ living as nature としての「人と自然の非分離主義」の世界観の社会から，自然を資源としてのみ取り出す living from nature の世界観による資源・文化の略奪が，大きな社会不正義として横たわっている．つまり，「人」と「自然」の非分離主義から分離主義へ，そして環境中心主義から人間中心主義へと振れすぎた世界観が，先住民や植民地問題における根本として存在するのではないだろうか．

1.4.3　自然と社会をつなぐ正義と包摂

　本書で議論した正義や包摂は，人新世における様々な地球環境問題と分断された社会の中で，これからの地球—人間社会をどのように包摂的に構築していくかを考える上で重要な観点である．図 1.4.1（C）は「自然」と「社会」の間の正義と包摂を，縦軸に個と集団（図 1.4.1（A）の縦軸と同じ）をとり，横軸に人間中

心主義と環境中心主義（図 1.4.1（B）横軸と同じ）をとって整理したものである．これをもとに，ローカル正義とグローバル正義の包摂，世代間正義の包摂，気候正義などを，気候変動の影響が大きいマーシャル諸島を例に見ていく．

口絵 1.2 は，マーシャル諸島のマジュロ島での淡水レンズ（島の下に存在する淡水の地下水）の調査時の様子を写している．サンゴ礁からなるマーシャル諸島は，温暖化による海水面上昇と降水量変動の影響を強く受けることが明らかになっている．また島では，通常，大きな河川が発達しにくいため，島の水資源は地下水に依存しており，海面上昇に伴う地下水の塩水化の進行により，淡水レンズ（口絵 1.2a）の縮小が懸念されている．海面上昇と降水量変動によるマーシャル諸島の淡水レンズは，2100 年には約 20% 縮小することが予測されている（Nakada 2010）．

このような自然環境の中での人々の暮らしは，上記のようなグローバルな視点での影響に加えて，社会の中での格差や不平等とも強く関係している．口絵 1.2c, d は島の周縁にある道路の内側（内陸部）と外側（海岸部）の家屋の様子を写している．島の周縁道路の外側（海側）では，塩水化した井戸水しか使うことができないような，経済的に困窮した家が点在しているのに対し，周縁道路の内側（陸側）では淡水の井戸水を使うことができる，比較的裕福な家屋が存在している．このようなマーシャル諸島マジュロ島における社会環境（経済格差）と自然環境（塩水か淡水か）との相互作用環は，これから進行する地球温暖化に伴う海面上昇によって，塩水の進行が島周辺から内陸部にかけて侵攻するとともに，現在の弱者（塩水利用の経済的弱者）から先に，気候変動の負の影響が及び，その影響も弱者が強く受ける．

グローバルノースと呼ばれる先進国・新興国は，これまでに大量の石油や石炭などの化石燃料を消費し，社会経済活動を成り立たせてきた．その結果起きた地球温暖化による異常気象や自然災害で農業や漁業により大きな被害を受けるのは，化石燃料をこれまであまり使ってこなかったグローバルサウス（途上国）の人々やこの問題に責任がない将来世代である．このような不公平さを背景に，「地球温暖化問題は国際的な人権問題であって，この不正義を正して温暖化を止める必要がある」という認識が「気候正義」である．

グローバルサウスのマーシャル諸島では，ローカルな経済発展による貧困の撲

減と，その経済活動により排出される温室効果ガスの増大や生物多様性の減少などにより，グローバルな地球環境が限界を超え人類の生存が危ぶまれるという，ローカル正義とグローバル正義の葛藤がある．このローカル正義とグローバル正義は，図 1.4.1（C）の左象限にある人間中心主義に分類される．また一方，環境中心主義寄りに分類される「気候正義」は，現代世代が将来世代の生存可能性に対して責任を持つべきであるとする世代間正義を内包している．この世代間正義は，環境を破壊して資源を枯渇させる行為は，現代世代が加害者であり将来世代が被害者であるという構造を持っており，世代間正義が存在しないならば，環境問題は解決されないとする考えに基づいている．このように，気候正義には，グローバルノースとサウスの間に横たわる様々な正義（分配の正義，手続きの正義，承認の正義，エコロジカル正義）に加えて，ローカル正義とグローバル正義，世代間正義と全てが関係していると言える．気候変動に対して脆弱な，グローバルサウスのマーシャル諸島では，このような様々な正義が，人と社会と自然との複雑な関係の中に絡み合っていることがわかる．

なお図 1.4.1（C）の右下象限に位置するエコロジカル正義は，環境中心主義に分類され，ニュージーランドのマオリ族に見られるような社会と自然の関係性の中で，自然（川底）に権利を与えるという正義のあり方の制度化の試みが始まっている（第 3 節）．

1.5 まとめ

本章では，人と社会と自然の間に横たわる正義と包摂について，人新世に至る社会変容と価値観・世界観の変化，様々な正義の分類（分配の正義，手続きの正義，承認の正義，ローカル正義とグローバル正義，エコロジカル正義，世代間正義，気候正義）を，人と社会と自然の間をつなぐ正義・包摂として論述した．

最後に，これらの様々な正義を包摂的につなぐ観点および視座として，多様性，資源，環境をつなぐ循環と共生の概念をあげたい．図 1.5.1 は，人（人の生き方）と社会（持続可能な社会）と自然（地球環境）を，主に時間（縦軸）と空間（横軸）を軸に，近いものと遠いものという基準で並べたものである．

多様性・資源・環境は，本来，人・社会・自然を跨ぐものであり，例えば多様な自然環境は多様な社会と多様な人間文化を生み，環境は自然環境だけではなく，

社会環境や人の環境としても議論される．しかしその中で，多様性は言語の多様性や文化の多様性など，より人間文化に近い「人」の領域で重要になる．また資源は社会を形成する上で必要不可欠なものであり，より「社会」に近い領域で重要であろう．さらに環境は，SDGs ウエディングケーキ（図 1.2.6）の最下層の 4つ（大気・水・海の生態・陸の生態）を構成する「自然」により近い領域で根本的に重要である．

このような多様性と資源と環境をつなぐ人・社会・自然の間には，様々な正義があり，それらを本来，包摂的につなげて理解する必要がある中で，現実には様々な分断が起きているのが人新世の現状である．

「人（人の生き方）」における様々な分断をつなげる観点・視座として，図 1.5.1では，利己性と利他性，および短期的視点と長期的視点をあげた．これらはあらゆる人々が多かれ少なかれ持っている両方の特性・視点を示しており，時や場面によっては利己性が利他性を凌駕し，また感情的で短期的判断が論理的な長期的視点を覆い尽くす場面にも多く出くわす．その際にどこに正義の分断があり，どうのように包摂的に扱うかを知ることは重要であろう．

これに対して「社会（持続可能な社会）」における分断をつなげる観点・視座として，図 1.5.1 では，内と外，および平時と緊急時をあげた．個々人の内面にある認識・価値が，集団で共有されて社会の制度となる過程で，資源や環境，多様性について，紛争・戦争や災害などの緊急時と平時における社会のあり方をつなぐことは，レジリエントな社会の構築に必要不可欠である．

さらに「自然（地球環境）」における様々な分断をつなげる観点・視座として，図 1.5.1 では，地域と地球および過去・現在と将来をあげた．地球環境の限界を迎えた人新世において，地域の持続性と地球の持続性を，現在だけではなく将来においても維持する上で，正義と包摂のあり方を議論していく重要性に変わりはない．

人・社会・自然の空間的的視座（図 1.5.1 横軸の利己性と利他性，内と外，地域と地球）においては，人と人との間の 3 つの正義（分配の正義，手続きの正義，承認の正義）や，人と自然の間のエコロジカル正義および 4 つの世界観（living from/in/with/as nature），ローカル正義とグローバル正義などが，その議論の中心である．農村と都市と間に横たわる社会不正義の問題や，自然を資源としてのみ

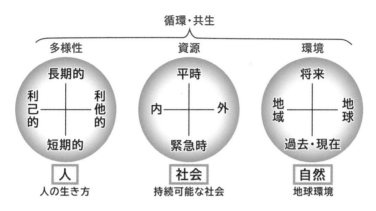

図 1.5.1　人・社会・自然をつなぐ観点と視座

捉える価値体系からの転換などがこれからの議論となる．

　一方，人・社会・自然の時間的視座（図1.5.1 縦軸の短期的視点と長期的視点，平時と緊急時，過去・現在と未来）は，特に世代間正義や気候正義と強くつながり，過去世代・現世代の利己性と将来世代への利他性の選択が将来社会を決定する点や，被害軽減と恩恵享受を考慮した緊急時と平時での時間的断絶が，制度の断絶につながらないような包摂的な正義の立て方，植民地・先住民問題でみた歴史的不正義への対応などが重要となる．これは，少子高齢化と地域の過疎化が進む現在の我が国にも当てはまり，これまで弱者の犠牲の上に成り立っていたような一部の地域知や伝統知は，これからの将来社会では見直す必要があり，多様な価値による持続可能な地域社会を構築する上で，包摂的な地域知・伝統知を再構築する必要がある．

　以上本章では，人と生き方とウェルビーイングを問う地球環境学の端緒として，人と社会と自然をつなぐ多様性・資源・環境を，正義と包摂の観点から論述した．紙面の都合上，詳述できなかった部分は，参考文献等を参照いただきたい．

参考文献

遠藤崇浩 (2021)：市町村地域防災計画にみる災害用井戸の現況（その1）—地域分布を中心に—．地下水学会誌, 63 (4), 227-239．

押井那歩 (2021) D. シュロスバーグの「多次元アプローチ」に基づく「環境正義」の構造. 埼玉社会科教育研究, 27, 68-83.

後藤玲子（2010）ローカル正義・グローバル正義・世代間正義. 立命館言語文化研究, 22 (1), 107-123.

杉原薫（2020）『世界史の中のアジアの奇跡』名古屋大学出版.

谷口真人（2024）地下水の循環と公共性. 『地下水の事典』第1篇・第1章, 朝倉書店, 3-12.

谷口真人（2011）『地下水流動──モンスーンアジアの資源と流動』共立出版.

谷口真人 編著（2023）『SDGs 達成に向けたネクサスアプローチ──地球環境問題解決のために』共立出版, 1-23.

広兼克憲（2018）地球環境豆知識 [34] 気候正義（climate justice）. 地球環境センターニュース, 328, 201804_328006.

鷲田清一（2024）『所有論』講談社.

和辻哲郎（1979）『風土：人間学的考察』岩波文庫（青）144-2.

Berque, A.（1986）Le sauvage et l'artifice : les japonais devant la nature. Paris, Gallimard.（オギュスタン・ベルク, 篠田 勝英訳（1992）『風土の日本──自然と文化の通態』ちくま学芸文庫, 筑摩書房）.

Crutzen, P. J. and Stoermer, E. F.（2000）*IGBP Newsletter,* 41, 17-18.

Elhacham, E., Ben-Uri, L., Grozovski, J., Bar-On, Y. M. and Milo, R.（2020）Global human-made mass exceeds all living biomass. *Nature*, 588, 442-444.

Folke, C., Polasky, S., Rockström J., Galaz, V., Westley, F., Lamont, M., Scheffer, M., Österblom, H., Carpenter, S. R., Chapin III, F. S., Seto, K. C., Weber, E. U., Crona, B. I., Daily, G. C., Dasgupta, P., Gaffney, O., Gordon, L. J., Hoff, H., Levin, S. A., Lubchenco, J., Steffen, W. and Walker, B. H.（2021）Our future in the Anthropocene biosphere. *Ambio,* 50, 834-869.

Gleeson, T.（2024）私信

https://www.cger.nies.go.jp/cgernews/201804/328006.html#:~:text=2008%E5%B9%B4%E3%81%AB%E8%A8%AD%E7%AB%8B

Himes, A. and Muraca, B.（2018）Relational values: the key to pluralistic valuation of ecosystem services. *Current Opinion in Environmental Sustainability*, 35, 1-7. https://doi.org/10.1016/j.cosust.2018.09.005

Holst, J.（2020）Global Health-emergence, hegemonic trends and biomedical reductionism. *Globalization and Health,* 16, Article number 42. https://globalizationandhealth.biomedcentral.com/articles/10.1186/s12992-020-00573-4

IPBES（2022）Summary for policymakers of the methodological assessment of the diverse values and valuation of nature of the Intergovernmental Science-Policy Platform on Biodiversity and Ecosystem Services. Pascual, U., Balvanera, P., Christie, M., Baptiste, B., González-Jiménez, D., Anderson, C. B., Athayde, S., Barton, D.N., Chaplin-Kramer, R., Jacobs, S., Kelemen, E., Kumar, R., Lazos, E., Martin, A., Mwampamba, T.H., Nakangu, B., O'Farrell, P., Raymond, C.M., Subramanian, S.M., Termansen, M., Van Noordwijk, M. and Vatn, A.（eds.）. IPBES secretariat, Bonn, Germany. https://doi.org/10.5281/zenodo.6522392

Ludwig, F., Catharien Terwisscha van Scheltinga, Jan Verhagen, Bart Kruijt, Ekko van Ierland, Rob Dellink, Karianne de Bruin, Kelly de Bruin and Pavel Kabat（2007）Climate change impacts on Developing Countries-EU Accountability.

Liu, T., Chen, D., Yang, L., Meng, J., Wang, Z., Ludescher, J., Fan, J., Yang, S., Chen, D., Kurths, J., Chen, X., Havlin and S., Schellnhuber, H.J.（2023）Teleconnections among tipping elements in the

第 1 章　人の生き方を問う地球環境学　　33

Earth system. *Nature Climate Change*, 13, 67-74.

Maddison, A. (2007) *Contours of the World Economy 1-2030*. Oxford University Press, 418p.

Munich, Re. (2015) Geo Risks Research, NatCatSERVICE.

Nakada, S. (2010) Private communication.

PACJA (2008) http://www.pacja.org/

Rawles, J. (1999) *A theory of justice -revised edition-* . The Belknap Press of Harvard University Press, Cambridge, Massachusetts.

Schlosberg, D. (2007) *Difining Environmental Justice: Theories, Movements, and Nature*. Oxford University Press.

Shrivastava, P., Smith, M.S., O'Brien, K. and Zsolnai, L. (2020) Transforming sustainability science to generate positive social and environmental change globally. *One Earth*, 2 (4), 329-340.

Steffen, W., Rockström, J., Richardson, K., Lenton, T. M., Folke, C., Liverman, D., Summerhayes, C. P., Barnosky, A. D., Cornella, S. E., Crucifix, M., Donges, J. F., Fetzer, I., Lade, S. J., Scheffer, M., Winkelmann, R. and Schellnhuber, H. J. (2018) Trajectories of the Earth System in the Anthropocene. *PNAS*, 115 (33), 8252-8259.

Steffen, W., Richardson, K., Rockström, J., Cornell, S.E., Fetzer, I., Bennett, E.M., Biggs R., Carpenter S.R., de Vries, W., de Wit, C. A., Folke, C., Gerten, D., Heinke, J., Mace, G. M., Persson, L. M., Ramanathan, V., Reyers, B. and Sörlin, S. (2015) Planetary boundaries: Guiding human development on a changing planet. *Science*, 347, 6223.

Steffen, W., Crutzen, P. J. and McNeill J.R. (2007) The Anthropocene: Are Humans Now Overwhelming the Great Forces of Nature? *Ambio*, 36 (8), 614-621.

Taniguchi, M. and Lee, S. (2020) Identifying Social Responses to Inundation Disasters: A Humanity-Nature Interaction Perspective. *Global Sustainability*, 3, Feb. 2020, e9, 1-9.

UNFPA (2024) "Total population in millions, 2024", World Population Dashboard. https://www.unfpa.org/data/world-population-dashboard

World Economic Forum (2024) *World Economic Forum Global Risks Perception Survey 2023-2024.*

第2章

地球環境学 × *植民地学*

環境正義の修復的アプローチとは
いかなるものか

福永 真弓

気候変動を直近のトリガーとする惑星規模の人為的な環境変容は，わたしたちが慣れ親しんできた天候や生態系を見知らぬものに，ひいては地球という惑星そのものを見知らぬものに変えつつある．もたらされているエコロジー危機は，貧困，政情不安，紛争など，さまざまな社会問題や社会不安と絡まり合い，互いの深刻さを増している．

気候危機へのグローバルな対策が喫緊の課題となるなか，緩和・適応策では科学的かつ工学的な管理型アプローチが中心となり，資本主義経済と連動した適応ビジネスが広がっている（Aronoff *et al.* 2019）．しかしながら，このようなアプローチは，寡占的な政治経済体制や権力関係の強化に繋がる一方で（ボヌイユ＆フレソズ 2018），公正さや社会的正義についての理解や配慮が少ないことが懸念され，環境正義や気候正義を組みこんだ政策立案や管理型アプローチの再編が急がれている（Schlosberg and Collins 2014）．

本章では，この課題に取り組む概念として，環境正義の修復的アプローチに着目する．環境正義の修復的アプローチは，法的枠組みでは捉えきれない被害の多様性や多層性を問う．そして，人びとの多元的な価値や，それに基づくよき生を支えてきた，人間以上の世界の修復を視野に入れる．本章では，なぜ修復的アプローチが重要になるのか，とりわけ気候危機が環境正義論にもたらした，脆弱なるものたちの議論について追いかけて論じたい．そのうえで，脆弱なるものたちと共にある社会をつくるという責任を引き受けること，そのことがもたらす社会の豊かさについて論じ，修復という言葉の豊穣化を試みよう．

2.1 脆弱なるものたちとは誰か

2.1.1 脆弱なるものたちの探求

　1982年，米国のノースカロライナ州ワレン郡にて，大量のPCB汚染土廃棄に抗議する運動がおこった．ワレン郡は全米の中でもアフリカ系住民が多く，汚染土廃棄の抗議運動に立ちあがったのもアフリカ系住民だった．この抗議運動は，人種，階級，経済的・社会的格差がもたらす環境リスクや被害の偏在に抗する環境正義運動の先駆けとなった．同年には，キリスト連合協会により環境人種差別という用語もつくられ，問題は個人や集団による態度にとどまらず，差別という制度そのものにあることも指摘された（Chavis and Lee 1987）．

　環境正義の基本的なアイディアは，あらゆる個人および地域社会は，環境と公衆衛生に関して，法律のもと平等な保護を受ける権利を有するというものだ（Bullard 2000）．そのために環境正義運動は，資源，財，機会の配分が公正に行われること，すなわち分配的正義が実現されることを求めてきた．それだけでなく，社会的存在として承認され，問題の当事者であると理解され，その声が尊重されるという承認の正義[1]，ある人びとの苦痛や生の抑圧について，社会にそれらを理解する資源がないために認知されない事態があることを理解し，そうした人びとの社会的立場によって証言が不当に低く見積もられることがないことを求める認知的正義[2]，政治的意志決定過程への参加が補償され，その過程での他の参加者たちとの関係性において対等であり，公正な手続き過程を経験できるという手続き的正義も重視されてきた（Shrader-Frechette 2002; Agyeman *et al.* 2016; Vermeylen 2019）．草の根の社会運動と往還しながら生み出されてきただけに，その正義論はきわめて応用的かつ多様に展開されているのも，環境正義の特徴の一つである（Bullard *et al.* 2008）．

　エコロジー危機と社会不安・社会問題が絡み合う現在において，環境正義論もまた新しい展開を迎えつつある．気候正義運動で共有されているのは，私たちが不可視化してきたものたち，そして私たちがそもそも正義の対象に認識してこなかった存在たちについて再び見いだす努力をしなければ，気候変動がもたらしている／もたらすだろう不正義を見いだせない，という危機意識（Toker 2018）だ．ゆえに，環境政治学者として環境正義論に携わってきたD. シュロスバーグは，気候変動における不正義とは何かという問いは，「脆弱化されている存在」とい

う概念そのものを掘り起こすことから始めなければならないと言う（Schlosberg 2012 a）.

　気候変動の時代において，脆弱化されたものたちを掘り起こし続ける努力が必要な理由はもう一つある. 倫理学者の S.M. ガードナーが指摘するように，気候変動は道徳的な腐敗をもたらしやすいからだ. ガードナーによれば，気候変動では最も脆弱で最も責任の小さい人びとが大きな負担を被る構図になるため，力が強く責任が大きいものたちはこの問題を軽視しやすく，問題化がすすまない. さらに，リスクが現実化したり具体的な暴力が問題化したりするまでにタイムラグがあるため，政策的にも社会の雰囲気としても後回しが可能だと政策決定者たちが考えやすい. そして，科学的不確実性，グローバルな不正義，世代間倫理，人間以外の生きものと自然に対する態度など，気候危機は多様な倫理的に厄介な問題と絡み合っているが，これらをうまく処理する適切な理論や方法がないため，無為であることが選ばれてしまうという現実がある（Gardiner 2011）.

　ゆえに私たちは，脆弱化されている存在について常に掘り起こし続ける必要性をもつ. 以下では，不可視化されてきたものたち，認識のそとにおかれてきたものたち，二つの観点から，気候変動を踏まえ環境正義論が掘り起こしている脆弱化されてきた存在とは誰かを探ろう.

2.1.2　不可視化されてきたものたち

　私たちからは誰が見えていないのか. 気候正義がまず問題化してきたのは，常日頃からグローバル化した生産・消費・廃棄システムの中で不可視化されている人びとのことだ. 気候変動のもたらす被害もリスクも，資源利用の恩恵を歴史的に享受してきた先進国や社会的・経済的強者ではなく，近代の遺産に翻弄されながら歴史的に収奪されてきたグローバル・サウスの人びとに偏ってもたらされる. 生産に寄与していても労働を提供していても，持たざる者のまま留まり，政治的参加もままならない状態におかれる人びとの存在は，グローバル・サウスとして問題化されてきた. 干ばつ，洪水，山火事，嵐の頻度および重度の増加など極端な異常気象もさることながら，気温上昇，氷河の融解や海面上昇，乾燥，これらが原因となる土壌の劣化は，居住環境の悪化，食料生産の不安定化，疾病コントロールの困難等をもたらす. 環境難民となる人びとの数も増大する一方で，経済

的理由からその場から移動できない人びとには，さらなる被害がもたらされることになる．同時に，先進国内にも格差と政治的分断の波は広がり，気候変動はその波の中で不可視化されてきたものたちの脆弱性をさらに高めている．グローバル・サウスは先進国内にも広がっているのだ．

何がこうした人びとを不可視化してきたのか．そして不可視化されてきたものたちが被っている脆弱化とはどのようなことなのか．これらの問いは，環境正義運動および研究が，森林，鉱物，水など資源濫用による環境破壊から国際的な有害廃棄物取引まで，グローバル化した生産・消費・廃棄システムがもたらす不正義について探求する中で向き合ってきたものだ（Pellow 2007）．環境社会学者のシュネイバーグは，経済成長を追い求め続ける態度が人びとの間の不公正や環境破壊を加速させるにもかかわらず，経済成長を求めることをやめられない状況を「生産の踏み車」と呼んだ（Schnaiberg 1980）．そして，人種差別や階級などの近代の遺産は「生産の踏み車」のメカニズムを支えると同時に，問題をより深刻化させると指摘してきた（Gould, Shnaiberg and Weinberg 1996）．

シュネイバーグらのようなマルクス主義的立場からの議論のみならず，環境正義研究においては，資本主義の歴史的な勃興と成長に大きく寄与した植民地主義，歴史的な労働力の搾取と移動の強制，人種差別的思考と構造的暴力，そしてこれらが可能にしたプランテーション型生産などの近代の遺産が，グローバル化した生産・消費・廃棄システムを形成し動かし続ける装置となり，環境被害とリスクの偏在を引き起こす要因となってきたと捉えられてきた（Agyeman, Bullard, and Evans eds. 2003）．気候変動は，作動し続けている近代の遺産という装置のもと，長期的に作用し，重大性が認知されにくく，加害作用が不明瞭な「遅い暴力」（Nixson 2011）となって，社会的・経済的に脆弱な人びとをさらに脆弱化させる．

2.1.3 認識のそとにおかれてきたものたち

不可視化されてきたのは人間たちだけではない．環境不正義をひきおこしてきた暴力は，人間以外の存在たちに被害をもたらしてきたことも問題視されるようになった．人間例外主義的思考という近代の遺産は，自然と人間を二項対立的にきれいに二分し，人間以外の生きものたちを位下げしてきた．この思考のもとでは，人間以外の存在たちは道徳的配慮の対象となってこなかった．そして，人間

以外の存在たちとの関わりのもと私たち人間の存在がありうるのだという，多孔的で関係論的な人間観や世界観もながらく抑圧されてきた．

1990年代になるとこの傾向は三つの方向で変化する．一つは，人間のウェルビーイングや文化的多様性を支えるための生態系の健全さや生物多様性の豊かさの維持が，実現すべき正義の内容に含まれるようになった．1991年10月に開催された第1回有色人種環境正義リーダーシップサミットでは，『17の環境正義綱領』が採択された[3]．現在でも環境正義の基礎的な議論として，運動でも研究でも参照されるこの綱領においても，自然との精神的・物理的な相互依存性が確認され，環境破壊からの自由，人間と自然の関係性の傷を癒やすことの重要性が語られている．このような議論は，先住民たちの運動や，その学問的な声の形成によって，例えばケイパビリティ・アプローチを拡張した個人やコミュニティを支える生態学的健全さの再生や保全を求める議論につながっている（Schlosberg and Carruthers 2010; Day 2017）．

もう一つは，環境倫理学における自然の権利論[4]を踏まえた権利拡張により，人間以外の生きものたち（non-human）を道徳的配慮の対象に加える議論が展開されるようになったことだ（Schlosberg 2012）．特に欧米圏を中心に，有害廃棄物による生態系汚染から野生生物の生息域破壊まで，人間以外の生きものやその生息圏を傷つけたり奪ったりすることを被害とみなし，そのような被害をもたらす人間の行為を環境犯罪と位置づける司法上の取り組みと議論も進んだ（White 2008）．

最後に，一つ目の論点とも関わるが，人間例外主義という近代の遺産を批判し，関係論的世界観をもとに新たな人間と自然の関係性を探究してきた多様な研究領域，例えばフェミニズム研究，先住民研究，マルチスピーシーズ研究などが交差したり，緊張関係を互いに持ったりしながら，人間以外の生きものたちを正義の対象とする議論が広がった（Celermajer *et al.* 2020; Gaard 2015）．

2.2　なぜ環境正義は修復的アプローチを必要とするのか

2.2.1　修復的正義の概念的拡張

脆弱化されたものたちは何を求めているのか．そのものたちへの手当てとはいかなるものでありうるか．環境問題における加害と被害の関係性は，司法で定

められた損害，罰則，補償の枠には到底おさまらない（関・原口編 2023；藤川・友澤編 2023）．環境問題はそもそも，長期的かつ不可逆的な影響を周囲に及ぼし，通常の刑事司法が求めるように被害者を同一のものたちと固定することはできない．誰が被害者であるのかは容易に明らかにならないし，要因となるものも被害そのものも空間的に拡散し，しかも被害として現れるまでにタイムラグが発生するからだ．そして，人間以外のものたち，生態系，将来の世代など，道徳的配慮の対象になってこなかったものたちも，被害あるいは潜在的な被害を受けるものたちである．

　こうした環境問題の特徴は，承認の正義，認識的正義，分配的正義，手続き的正義とは異なるアプローチの正義論を必要とする．問題そのものが長期にわたる場合もあり，たとえ短期間で終わったとしても，傷跡が社会と自然の双方に残れば，被害者あるいは被害の潜在性について，加害者との関係性を踏まえながら長期にわたり手当てがなされる必要がある．戦争体験と同様に，その問題が山場だった頃の被害者や加害者がいなくなったとしても，その社会的トラウマが新しい問題を生み出すこともあるからだ．問題が進行している最中においては，今，目の前におきていることにとりあえず手当てをするために介入をする，そのために関係性や当座の状況の回復を対処療法的に行う必要がある．また，天災が社会側の防災・減災対策によって大きくその結果を変えるように，問題がおこる前にどのような備えをしておくかも重要となる．その備えには，近代の遺産をはじめとする，日常に埋め込まれた差別の構造や権力関係について解決をはかることが求められる．そのことが，日常的な環境ガバナンスを支え，予防的な手立てを行うことになる．

　ゆえに，時間の経過と共に問題やその関係者たち，状況が変化していくことを前提に，長く付き合っていくことをアプローチに含む正義のかたちが必要となる．その正義のかたちとして期待されているのが修復的正義（restorative justice）である．

　もともと修復的正義は，犯罪法学者ゼアの議論を皮切りに広がった（Zehr 1990），刑事司法において罰金や懲役刑をこえた関係修復のプロセスを重視する考え方であり，既存の刑事司法を変えようとする社会実践である．何かしらの被害がおこった後で，司法上の対応を踏まえながらも，積極的に被害者のニーズと

は何かを探り，被害から回復するために加害者が果たすべき責任の探求をどのように行うかが焦点となる．

　他方で，修復的正義が，刑事司法では扱えない多様な被害のかたち，複合的要因と絡んでもたらされる被害の複雑さ，当事者性をめぐる政治，対話の可能性と不可能性，地域社会や帰属集団との関わり等に学問的にも，社会実践としても向き合ってきた点を踏まえ，環境問題における加害・被害関係の厄介さや複雑さを描き出し，分析し，対策を練る上で重要なアプローチとなることも期待されてきた．

　その期待には大きく分けると二つの方向性がある．一つは，公正な持続可能性の実現のため，特にエネルギー政策において，分配的正義や手続き的正義が結果としてうまくいかなかったり，その過程が予期せぬ新たな問題や被害のかたちを生み出したりするとき，修復的正義はその結果を補い，手当てするアプローチとなりうるとも期待されている（Heffron and McCauley 2018; McCauley and Heffron 2018）．もう一つは，これまで認識のそとにおかれていた生態系，生きもの，モノについて，それらに対する人間活動が与えた影響を被害と捉え，その再生や保全を被害に対する修復を求めるものだ（Hamilton 2021; Varona 2021）．

2.2.2　日本における環境正義の修復的アプローチの展開

　日本では環境哲学者の小松原織香や（Komatsubara 2021），紛争解決学の石原明子が（石原 2024），水俣病事件のあとの水俣において，患者たち，町の外に出た患者たち，支援者たち，同じ町に住まうものたち，そして人間と共に世界をつくってきた人間以外のものたちの間の関係性の回復とはどのようなことかを探求しながら，修復的正義の概念を豊穣化させてきた．彼女たちの学問的態度や思考に大きく影響を与えた作家に石牟礼道子がいる．石牟礼は水俣病事件について，人びと，生きもの，モノの世界ごと，傷つき棄てられたものたちについて描き，傷や痛みの内実や修復の意味について鋭く私たちに問うてきた．

　こうした探求が示すのは，人びとや社会が抱えてきた痛みや傷についての探索と，とりまく他者との関わりの修復は切り離せないという認識から出発する必要性だ．いかなる傷を事後の人びとや社会が抱えているのか．この問いの探索も容易なことでなく，痛みや傷を言語化していく過程もまた，よりそう人びと，共に

過ごす時間，季節ごとに人びとの生活を訪う生きものや風や波，光たちとの関わりのなかでこそ起こりうる．患者たちや地域を長らく支援してきた相思社につとめる永野三智の言葉からは，痛みや傷の所在を確認していく過程は，関わりをもつことからしか始まらないことが示される（永野 2018）．

もう一つは，人びとや地域社会が抱える社会的トラウマを引き起こしてきたメカニズムを明らかにしながら，「なにもの」に手当てが必要なのかを探ることだ．水俣病患者であることの痛みや傷つき，外側から水俣という地域や水俣に生まれた自分たちが差別的にまなざされるという暴力とそれゆえの傷つき，こうした複数の暴力や傷の所在を丁寧にたどることからしか，痛みや傷とは何かもたどれない（石原 2024）．石牟礼道子が記録文学として描いてきたように，事件によって喪失されたもの，事件のトラウマによって傷つけられ続けているのは，集落内や近隣の人びとのあいだの「共に住民として在ること，関わり合うこと」の可能性であり，人間以外の生きものも含めた関わりのなかで，その人の生きる存在証明と尊厳のたちあがる時空間そのものだ（石牟礼 2004）．こうした試みは，痛みや傷をその人びとが依拠する社会や文化の基層を踏まえながら捉えること，そしてそのような営みとして修復的正義を構築することの重要性を示している．

そして最後に，負の記憶を引き継ぐことが，傷の回復のみならず，生の豊かさをもたらす契機になるということ．それは同時に，社会的トラウマや個人が抱える傷が，新たな誰かを脆弱化させたり傷つけたりする力にならないようにすることでもある．石牟礼道子が描写したような，人びとの存在証明の一部として人間以外の生きものたちとの世界が続いていくことを，たとえば漁という生業や農という営みをもって，身体感覚，経験的知識，そして情感ごと繋いでいくこと．あるいはアートという表現や民話の語り継ぎを通じて，世代を超えた対話の空間を再びつくりあげていくこと（小松原 2021；Komatsubara 2023）の可能性が論じられてきた．

2.3　責任の担い手になること

2.3.1　マトール部族の言語を学ぶワークショップから

環境正義の議論が，事例に即してさまざまなアプローチを生み出してきたように，環境正義の修復的アプローチもまた，事例ごと，地域ごと，あるいは状況づ

けられた近代の遺産の特徴に応じて，さまざまなアプローチを生み出している．水俣病事件を踏まえた修復的アプローチの探索は，環境正義の修復的アプローチについて実践および理論的な展開を支える重要な展開となりうる．その点について，小さなエピソードをもとに論じておこう．

2024 年 3 月 16 日，私はカリフォルニア州フンボルト郡のマトール川の小学校の一室で，マトール部族の言語を学ぶワークショップに参加していた．流域再生運動を 1980 年代からおこなってきたマトール流域の会（Mattole Restoration Council）による主催で，流域再生に関わってきた人びとや住民たち，総勢 30 名ほどが熱心に耳を傾けていた．講師はマトール川から北上したところにある，クラマス川流域のフーパ居留地に住まうマトール部族の血を引く先住民研究者だった．日差しの強い日だった．

私は初期から流域再生運動に関わってきた人びと 4 人と再会を喜び，休憩時間に話をした．4 人は，昨年，マトール川流域にベア川から先住民族を招いて，最初のサーモンを迎える先住民族たちのサーモン・セレモニーも行ったと教えてくれた．「ようやくできたことだよ．」私はどう言葉を返したものかと迷った．もうこの土地にいない先住民族のお祭りを，流域再生運動をする白人移住者たちが再生する，という構図のセレモニーに対しては，他の人びとから冷ややかな批判と黙殺があったことを知っていたからだ．トランプ政権以降もたらされた政治的分断の影響は小さなこの町にも顕著で，そのことも影響していた．普段の生活の中では，マトール先住民族の土地であった事実は忘却された過去になり，町の中に横たわる政治的立場の違いは棚上げされてきた．他方で，先住民族あるいはその運動を支援してきた人びとからみれば，白人移住者たちによるセレモニーの再生は，観光資源化したり，特定の自然のイメージに自分たちを固定化したりしてきた行為に見える．入植植民地主義（settler colonialism）的収奪の延長上にあるとみえるのだ．当事者のマトール部族たちがこの地域にいないことは，こうした新しい取り組みに複雑な政治性をもたらしていた．

マトール川流域では，対抗文化運動に影響を受けて都市から移住してきた人びとを中心に，1979 年から森林の大規模伐採や土砂流入により荒廃した流域再生運動が行われてきた．市民たちによる流域再生運動の象徴的な存在になったのがサケだった（福永 2008）．

この運動の中心になった人びとはその当初から，流域がもつ歴史的背景を重視し，人間と流域の関係性のかたちを手探りしようとしてきた．金を求めて，あるいはよい農地や牧場用地を求めて白人入植者たちが住み着いてから，生態学的な変化や文化的な関わりがどのように形成されていったのか．なぜサケがこの流域からいなくなったのか．この場所の環境史をたどる過程で向き合うことが難しかったことが一つあった．白人入植者たちの暴力がもたらした，この土地の先住民族の不在であり，入植植民地主義を自分たちの活動がなぞり，残し，加担してしまうことの難しさだった．サケが先住民族にとって文化的象徴であったこともこの難しさの背景にあった．

マトールという言葉はこの地域に住んでいた先住民族たちの言葉で「きれいな水」を意味するという．しかし，マトール部族は，白人入植者たちによる虐殺，別の居留地への強制移動，同化政策のための寄宿学校送致等を経験し，ゆえに今は部族としてのまとまりをもたない．アタパスカン系のその言葉も，言語学者が残した資料から学ぶことができるだけで，話せる人はいない．2000 年に私がはじめて訪れたとき，流域にはその血を引く人も誰もいなかった．80 年代まではここに一家族が住んでいた，という家は誰も住まずに朽ちていた．他方で，虐殺の記憶をもつ入植者家族は住んでいたし，入植者たちは流域の土地の多くを所有していた．

流域保全運動の中心人物の一人で，人間と人間以外の生きものたちの関わりに関する言葉のつむぎ手だったフリーマン・ハウスは，入植植民地主義がもたらしてきた傷跡に苦慮していた．同時に自分たちがそれに今も加担し続けてしまうことをどうにか避けようとしていた．先住民族と核開発問題を研究してきた地理学者の石山徳子が言うように，米国の建国と発展の歴史は，入植植民地主義が先住民族を不可視化し，その身体を，生を支える他の生きものやモノとの関わりを崩壊させ，存在ごと失わせることで成り立ってきた（石山 2020）．フリーマンらは直接的な責任を負わないが，この国で白人であるという事実が，その集団に帰属するものとして，先住民族にどう向き合うかという厄介な問いをもたらす．そして，その個人が生きることや他者に真摯であろうとするほどに，その問いは人びとの政治的な態度の選択に影響をおよぼす．

そもそも，フリーマンらが影響を受けた環境思想の一つ，生命地域主義は，白

人入植者による近代的土地所有や二項対立的自然観を批判し，自然と共生する先住民族の思想や文化をそれらへの対抗的理想像とみなしてきた．残存する資料も少ないマトール部族の生活がどのようなものであったか紐解くのは難しい．フリーマンらは，自然と共生する先住民族という抽象的な概念を少しでも具体化しようと，マトール部族たちが流域に住まう頃の流域を流域再生の生態学的参照点とした．マトール部族の血を引くものたちに流域再生運動の当事者にならないかと働きかけたこともあった．水文学，地質学，生態学などが明らかにする科学的なデータを用いて，植民以前の生態系の状態について探ろうともしてきた．それは，先住民族たちの歴史において当事者ではないフリーマンらが，先住民族との生態系の関わりについて理想化したり，言語化したり，流域再生の目標にしたりすることの正統性を少しでもえようとする政治的な営みだった．入植植民地主義をなぞってその轍をもう一度踏み固め，強化してしまわないようにしようとするための努力でもあっただろう．

　マトール語のワークショップは，フリーマンたちが長らく，先住民族に向き合うことを真摯に考えてきたからこそ，実現したいと考えてきたものの一つだった．

2.3.2　責任を担うという自由

　2018 年にフリーマンは亡くなった．夏に行われた彼のメモリアルで，私は最後にフリーマンと長く話した時の会話を思い出していた．2008 年のことだった．私はその頃，クラマス川流域のサケ資源回復をめざす複数の先住民族たちに話を聞いていた．フリーマンもクラマス川流域の先住民族たちと流域再生の話をし始めた，と教えてくれた．彼がそのとき語った言葉が私のフィールドノートにある．「住民として（先住民族たちと）話をしたいと思う．それもとても複雑で容易なことではないが，流域が培った私の責任の感覚は，今すべきだと私に言うのだ．」私は「流域が培った私の責任の感覚」と言う言葉にぐりぐりと強くボールペンで下線を引いていた．

　私はフリーマンたち流域再生運動の初代メンバーが抱えていたもう一つの後ろめたさも知っていた．フリーマンら牧畜業や林業などランチの家族型経営とは流域再生活動をめぐって緊張関係にあった．移住者たちが先住民族の話を持ち出すことはその緊張関係を加速させるだけだった．流域の大部分を所有する白人入植

第2章　環境正義の修復的アプローチとはいかなるものか　45

者家族たちに持続可能な資源管理への参加を促すことは最も重要な課題だったから，マトール川周辺の先住民族たちの虐殺と抑圧の歴史，その不可視化という暴力については，あまり持ち出さないのが暗黙のうちに戦略になっていた．

　流域再生のためにこの戦略は仕方がない，と確認し合いながら，彼らがずっと心の中にとどめていた問いがあった．マトール部族について語らないことは，マトール川流域において，マトール部族たちを見えない存在へ，マトール部族たちと関わり合いながら存在してきた生きものやモノたちごと，関心をもたれない存在に貶め続けることではないか．一方で，当事者としての正統性なく，マトール部族たちの自然を語り（騙り），科学によって脱色した参照点として先住民たちの自然を概念化し，運動に用いる．他方で，資源管理をめぐる日常的な政治の場では，マトール部族たちについて語らず，いないものとして入植者の歴史を語る．その矛盾の中に彼らはいた．

　入植植民地主義は，マトール部族たちが手当てしながら共に世界をつくってきた関わりを，所有権のない白紙の自然につくりかえ，原生自然という言葉を付与して，理念的にも，物理的にも収奪の対象としてきた．自分たちの流域再生運動はそれと何が違うのか．自然の権利，野生，そのような言葉を用いる流域再生運動は，先住民たちから再び何かを奪うことなのか．いや，違うようにできるはずだ．流域再生運動を調査している時，そういうフリーマンらのもがきがふと見える瞬間がたくさんあった．

　フリーマンらの苦悩を知るのは，日本からの調査者の私にとって恐ろしいことでもあった．なぜなら私は知っていたからだ．サケの取材をする日本人である自分は，アイヌ民族が不可視化され，その世界を奪われてきたことについて，フリーマンらと同じ入植者の立場にあるのだということを．私という個人を飛び越えて，アイヌ民族を収奪してきた集団に属するものとしての責任が，私の肩にかかっていることをだ[5]．フリーマンらのもがきは，私のもがきでもあった．そうあるべきなのだとわかっていた．

　久しぶりにフリーマンと話をした日の夕方，私はもう一人の流域再生運動の初代メンバーであるデイビッド・シンプソンの家で晩ご飯をごちそうになった．フリーマンと同じもがきを共有してきた人だ．その日，フリーマンの話から私が感じたことをつらつらと述べて，私は彼に聞いた．

マトール部族の人たちはもうここにはいない．あなた方がその暴力の歴史を語り続け，忘れさせないことが重要だと考えるのもわかる．でも，当事者ではない限り，語りは騙りになり，かといって，代わりに語らなければ，忘れることと同義になるという苦しみから逃れられない．忘却を促し，入植植民地主義を結果的に力づけ，マトール部族たちの存在すらなかったことにする暴力に加担することになる．誰もが傷を負うし，近代の遺産に苦しめられているという意味で，私たちもまた同じ生存者（survivors）になるのかもしれない．

デイビッドは私の顔をじっとみて聞いていたが，おもむろに，私たちをそのような生存者だと考えるのは違うと思う，と言った．そのときの言葉も私はフィールドノートにつけてある．走り書きで，大きく余白を使って．

「私たちがマトール部族になしてきた暴力性は，私たちを同じ生存者の列に並べてしまえるぐらいのことなのか．そうは思わない．そこには圧倒的な差がある．私たちの間にはあえて線を引いておく必要がある．私たちは去ることができる．でもマトール部族はもう去ることができない．他の先住民族たちも．そう，私たちは加害者なんだ．」

デイビッドの言葉を私なりに解釈すると，移住者である私たちは，この場に住まない，そのことは私のことではない，関係がない，と無関心すら自由だと言って近代の遺産から去ることができる．でも，マトール部族も，他の部族の先住民族たちも，去ることはできない．

存在に刻み込まれたトラウマは，その部族に生まれたという偶然性のもと，その人の存在を構成する．向き合っているのは個人ではない．個人の背景にある生まれや生育の過程で帰属するようになる集団・国家であり，その集団や国家がいかなる社会的トラウマや，権力関係上の文脈や強弱をもちあわせるのかは，偶然性による．その意味で，私たちは圧倒的な非対称性のもとにある．集団や国家が抱える近代の遺産は，加害者と被害者の非対称的な関係を構造化している．私は生まれる時期も場所も選べないが，そのことが，不作為の不正義を誰かにもたらす仕組みに私を巻き込む．同じ被害者だと言ってしまうことは，その構造を強化してしまうことになるから，あえて線を引く．加害者だと自認し，責任の担い手になることが，その構造を打ち破る一滴になるからだ．

なぜ，こうした責任の担い手になることを引き受けたのか．フリーマンの「流

域が培った私の責任の感覚」という言葉は，その理由をよく示しているように思う．移住者たちは流域のなかで暮らし，生きものやモノたちとの関わりや存在のあり方を享受してきた．そのことが，流域に暮らしていたマトール部族たちの流域という想像を肉付けし，近代の遺産を踏まえて加害者としての苦しいもがきを引き受けることをもたらした．

　水俣病事件を踏まえた環境正義の修復的アプローチは，負の記憶を引き継ぐことが，傷の回復のみならず，生の豊かさをもたらす契機になることを示唆してきた．フリーマンやデイビッドのもがきは，近代の遺産が構造化された目の前の自然と，その構造の中にいる自分たちを認識した上で，加害者であるとあえて線引きし，責任の担い手になることを引き受けるものだった．彼らはもがいた．それというのも，構造化された近代の遺産を打ち破る一滴になることが，流域で暮らすものたちの豊かな生の未来をめざすことだったからだ．

　流域再生運動の担い手たちが行ったサーモン・セレモニーは続くのか．先住民族の祭事を形式的に再現するだけなら，続かないだろう．気候変動以降，急速に高まる生物多様性保全や自然再生の議論に先住民族の立場から活発に発言しているK.トールベアは，V.デロリア・ジュニアの言葉を借り，「米国先住民族の形而上学」を西欧近代の継承者たちが受け入れつつある現在に希望を見いだす．私たちの生きている世界を，多様な生きものとモノの関わり，それらの織物としての世界と捉え直す．そして，そのような米国先住民族の形而上学に共通する世界の見方をもとに，近代の遺産によるものも含めて，暴力を生む根源を変えることを提案している（Tallbear 2018）．サーモン・セレモニーがそのような流域の人びとによる祭事として行われるなら，続くのかもしれない．

2.4　おわりに

　本章でまとめてきたように，修復的アプローチは環境正義における重要なアプローチとして位置づけられている．しかし，修復が何を意味し，どのような取り組みを，誰のために行うのかについて問わなければ，このアプローチは誰かを抑圧する力に転じかねない．たとえば，マトール川の事例においても，流域再生はフリーマンらのもがきをまったく無用のものとして，科学的・工学的アプローチのもとに行われることも可能だ．その場合，環境ガバナンスの常識から言えば，

政治的な場にあがることができないものたちはガバナンスの主体ともみなされないし，正義の対象ともみなされない．ゆえに，既に居なくなったマトール部族も，その地域の環境史には描かれても，ガバナンスという意味では忘却され，暴力を受けた歴史ごと不可視化され，存在自体がなかったことになってしまうだろう．

　本章の議論を踏まえれば，修復的アプローチとは，何かが起こった事後の手当てをするものでもあるが，先んじて解決をめざしていくアプローチでもある．ある意味，予防原則の拡張とも言えるかもしれない．私たちが埋め込まれてきた，誰かに不正義をもたらしてきた／もたらす近代の遺産について，積極的に取り組んでおくことが，起こりうる環境不正義を防ぎ，あるいはその影響を小さくすることができるからだ．歴史的に不可視化されてきたものたち，認識の外におかれてきたものたち，そうして脆弱化されるものたちについて常に掘り起こしながら，具体的な手当てを考えることがその柱となると考えると，修復的正義のアプローチの可能性もさらに広がるだろう．

　もちろん，その集団に生まれついた責任から逃げ出すことも私たちの自由だ．そうしなければ個人の生の存在やその充実にむかえないこともある．しかし同時に，フリーマンやデイビッドのように，私たちはあえて責任を引き受けることもできる．責任として引き受けることで，既に同時代から去っていった過去のものたちも含めて，法的な枠組みでは主体とならないものたちに向き合う．そして，その存在を証明し，生きものとモノ，それらと行き交いつくられていく私たちの存在と世界を紡ぐ豊かさを生み出すことができる．それは，近代の遺産にしばられたこの世界とは別の世界を想像する，石牟礼道子らのじゃなかしゃばの思想とも響き合うだろう．すなわち，環境正義の修復的アプローチとは，責任の倫理の一つのかたちでもあるのだ．

　私もまた，その責任の倫理をいかに果たせるのか，日々考え続けている．

注

1) 承認の正義は，1990年代に入って学問的にも社会運動においても活発に議論が進んだ承認の政治論を基礎としている．集団としてのアイデンティティや価値体型の異なるなかで生きる人びとが，いかに自己のアイデンティティを承認されるのかは，現代社会における基本ニーズである（Taylor 1992）．この基本ニーズがみたされず，関連して，財やサービス，自己の生を生きる上で重要な機会などの社会的再分配がなされていないことを，不正義として訴求す

べきだというのが承認の正義である（Young 1990）. 女性，子ども，先住民族，有色人種等，環境リスクや被害はこの不正義を被っている人びとに集中する.

2）認識的不正義（epistemic injustice）は，話し手の社会的立場やアイデンティティに聞き手がバイアスを持ってしまうために，その証言の信用性が不当に低く見積もられてしまったり，あるいはそもそも取り上げられないという証言的不正義，支配的な知識体系やフレーミングのもと，ある人びとの経験を被害として問題化したり，被害の様相について理解されず，結果としてその被害や不当な扱いが正当化されてしまうという解釈的不正義を含む（Fricker 2009）.

3）The 17 principles of Environmental Justice. The First National People of Color Environmental Leadership Summit, held on October 24-27, 1991, in Washington DC. https://www.ejnet.org/ej/principles.html （最終確認 2024 年 10 月 10 日）

4）自然の権利論とは，1972 年の C. ストーンの樹木の法的当事者適格を問う論文（Stone 1972）を契機に議論されるようになった，権利の自然物への拡張を基礎とする一連の議論のことである.

5）環境社会学者の高崎優子は，アイヌ民族との出会いの中で，みずからの集団としての責任が，個人として他者に相対する時に前景化する瞬間を鮮やかに描いている（高崎 2023）

参考文献

石原明子（2024）水俣のもやい直しの研究 —— 修復的正義の歴史社会学, 鹿児島大学大学院人文社会科学研究部 博士論文.

石牟礼道子（2004）『新装版 苦海浄土：わが水俣病』講談社文庫（初版は 1969 年）.

石山徳子（2020）『犠牲区域のアメリカ：核開発と先住民族』岩波書店.

小松原織香（2021）〈キツネに騙される力〉を取り戻す —— 水俣病を通した環境教育の可能性. 現代生命哲学研究，10, 96-118.

関礼子・原口弥生編（2023）『福島原発事故は人びとに何をもたらしたのか：不可視化される被害，再生産される加害構造』新泉社.

高崎優子（2023）アイヌ，和人，ポジショナリティ：痛みの応答に向けての試論. 関礼子編『語り継ぐ経験の居場所：排除と構築のオラリティ』新曜社，101-130.

永野三智（2018）『みな，やっとの思いで坂をのぼる：水俣病患者相談のいま』ころから.

福永真弓（2008）『多声性の環境倫理：サケの生まれ帰る流域の正統性のゆくえ』ハーベスト社.

藤川賢・友澤悠季編（2023）『なぜ公害は続くのか：潜在・散在・長期化する被害』新泉社.

ボヌイユ，C. and J. フレソズ著，野坂しおり訳（2018）『人新世とは何か：〈地球と人類の時代〉の思想史』青土社.

Aronoff, K. *et al.* (2019) *A planet to win : why we need a green new deal.* Verso.

Agyeman, J. *et al.* (2016) Trends and directions in environmental justice: from inequity to everyday life, community, and just sustainabilities. *Annual Review of Environment and Resources,* 41 (1), 321-340. doi:10.1146/annurev-environ-110615-090052.

Agyeman, J., Bullard, R. D. and B. Evans eds. (2003) *Just sustainabilities: Development in an unequal world.* MIT Press. (1st ed.)

Beirne, P. and N. South eds. (2007) *Issues in Green Criminology.* Cullompton: Willan.

Bullard, R.D.（2000）*Dumping in Dixie: Race, Class, and Environmental Quality.* Boulder: Westview. 3rd ed. 初版は 1990 年発行 .

Bullard, R.D, Mohai, P., Saha, R. and Wright, B.（2008）"Toxic Wastes and race at twenty: Why race still matter after all of these years." *Environmental Law,* 38(2), 371-411.

Celermajer, D., *et al.*（2020）"Multispecies justice: theories, challenges, and a research agenda for environmental politics." *Environmental Politics,* 30(1-2), 1-22.

Chavis, B. F. and Lee, C.（1987）*Toxic Wastes and Race in the United States.* New York: United Church Christ.

Day, R.（2017）"A capabilities approach to environmental justice." In: Holifield, R., J. Chakraborty, and G. Walker eds. *The Routledge Handbook of Environmental Justice.* London: Routledge, 12.

Fraser, N.（1996）Justice Interruptus: Critical Reflections on the "Postsocialist" Condition, London: Routledge.

Fraser, N.（2003）"Social Justice in the Age of Identity Politics: Redistribution, Recognition, and Participation," in N. Fraser/A. Honneth, Redistribution or Recognition? A Political-Philosophical Exchange, New York: Verso, 7-109.

Fricker, M.（2007）*Epistemic Injustice: Power and the Ethics of Knowing.* Oxford: Oxford University Press.

Gaard, G.（2015）"Ecofeminism and climate justice." *Women's Studies International Forum,* 49, 20-33.

Galtung, J. 1969. "Violence, Peace, and Peace Research." *Journal of Peace Research,* 6(3), 167-191.

Gardniner, S.M.（2011）*A Perfect Moral Storm: The Ethical Tragedy of Climate Change.* Oxford: Oxford University Press.

Gould, K., Schnaiberg, A. and Weinberg, A.（1996）*Local Environmental Struggles: Citizen Activism in the Treadmill of Production.* Cambridge: Cambridge University Press.

Hamilton, M.（2021）"Restorative justice conferencing in Australia and New Zealand: application and potential in an environmental and aboriginal cultural heritage protection context." *International Journal of Restorative Justice,* 4(1), 81-97.

Hazrati, M. and Heffron, R.J.（2021）"Conceptualising restorative justice in the energy Transition: Changing the perspectives of fossil fuels." *Energy Research & Social Science,* 78, 102-115.

Heffron, R. J. and McCauley, D.（2018）"What is the 'Just Transition'? " *Geoforum,* 88, 74-77.

McCauley, D and Heffron, R.（2018）"Just transition: Integrating climate, energy and environmental justice." *Energy Policy,* 119, 1-7.

Mohai, P., Pellow, D. and Roberts, J.T.（2009）"Environmental justice." *Annual review of environment and resources* 34, 405-430.

Ishiyama, N. and Tallbear, K. "Nuclear Waste and Relational Accountability in Indian Country." In: Chao, S., Bolender, K. and Kirksay, E. eds.（2022）The Promise of Multispecies Justice. Durham: Duke University Press, 185-204.

Komatsubara, O.（2021）"Imagining a community that includes non-human beings." *The International Journal of Restorative Justice.* 4 (1) , 123-140.

Nixon, R.（2011）*Slow Violence and the Environmentalism of the Poor.* Cambridge, Massachusetts, and London: Harvard University Press.

第 2 章　環境正義の修復的アプローチとはいかなるものか　　51

Pellow, D. N.（2007）*Resisting Global Toxics: Transnational Movements for Environmental Justice*. Cambridge: MIT Press.

Schnaiberg, A.（1980）*The Environment: From Surplus to Scarcity*. New York: Oxford University Press.

Schlosberg, D. and Carruthers, D.（2010）"Indigenous Struggles, Environmental Justice, and Community Capabilities." *Global Environmental Politics*, 10 (4), 12-35.

Schlosberg, D.（2012a）"Climate Justice and Capabilities: A Framework for Adaptation Policy." *Ethics & International Affairs*. 26(4):445-461. doi:10.1017/S0892679412000615

Schlosberg, D.（2012b）"Justice, ecological integrity, and climate change." In: A. Thompson and J. Bendik-Keymer, eds. *Ethical adaptation to climate change:human virtues of the future*. Cambridge: MIT Press, 165-183.

Shrader-Frechette, K.（2002）*Environmental Justice: Creating Equality, Reclaiming Democracy*. Oxford: Oxford University Press.

Stone, C. D.（1972）"Should Trees Have Standing?- Towards Legal Rights for Natural Objects." *Southern California Law Review*, 45, 450-501.

Zehr, H.（1990）*Changing Lenses: A New Focus for Crime and Justice*. Herald Press, 3rd ed. 2005.

TallBear, K.（2011）"Why Interspecies Thinking Needs Indigenous Standpoints." *Fieldsights*, November 18. https://culanth.org/

Taylor, C.（1992）"The Politics of Recognition," in Multiculturalism: Examining the Politics of Recognition, A. Gutmann (ed.), Princeton: Princeton University Press: 25-73.

Tokar, B.（2018）"On the evolution and continuing development of the climate justice movement." In T. Jafry, ed. *The Routledge handbook of climate justice*. Milton Park and New York, NY: Taylor & Francis, 13-25.

Varona, G.（2021）"Why an atmosphere of transhumanism undermines green restorative justice concepts and tenets. *International Journal of Restorative Justice*." 4 (1)，41-59.

Vermeylen, S.（2019）"Special issue: environmental justice and epistemic violence." Local Environment, 24(2): 89-93. https://doi.org/10.1080/13549839.2018.1561658

White, R.（2008）*Crimes against nature: environmental criminology and ecological justice*.Cullompton: Willan.

White, Rob.（2014）"Indigenous communities, environmental protection and restorative justice." *Australian Indigenous Law Review* 18, no. 2, 43-54

White, R. and Heckenberg, D.（2014）*Green criminology: an introduction to the study of environmental harm*. London: Routledge.

Young, I. M.（1990）Justice and the Politics of Difference.Princeton: Princeton University Press.

第3章　　　　　　　　　　　　　　地球環境学 × *先住民学*

先住民地における地球環境問題と社会正義

加藤 博文

今日，世界各地で生じている気候・環境変動は，先住民族社会に大きな影響を及ぼしている．とりわけ北極圏においては，海岸侵食による先住民族の文化遺産の消失や，気候変動による海洋資源への影響など深刻な状況が報告されている．本論ではこれらの諸課題を概観し，先住民族からみた環境正義が抱える課題と先住民族の課題解決過程への参画の重要性を指摘する．なお本論では慣例（岸上 2023）に従い，入植者が到来する以前より特定の地域に住んでいる政治社会少数派の個人や人々を先住民と呼び，先住民の集団を先住民族と表記する．

3.1　北極圏の文化遺産が直面する危機
3.1.1　気候変動と海岸侵食

北極圏に人類が進出したのは，今から約 3 万年前に遡る（Pitulko and Pavlova 2022）．以来，北極圏には多くの人類活動の足跡が残されてきた．ホレセンらが北極圏各国の文化遺産データベースに基づき推定した結果によると（表 3.1.1），北極圏で確認されている考古遺跡の数は推定で約 18 万カ所とされている（Hollesen *et al.* 2018）．しかし，ロシア北極圏では公式な遺跡データが報告されていないことや，北極圏の未踏査地域の広さを考慮すると，今後さらに多くの遺跡が発見される可能性がある．

また北極圏では 5 つの世界遺産が登録されている．自然遺産として「ランゲル島保護区の自然システム」（ロシア）と「イルリサット・アイスフィヨルド」（グリーランド）の 2 カ所が登録されており，文化遺産には「アルタのロックアート」と「ヴェガオヤンの文化的景観：ヴェガ諸島」（いずれもノルウェー）が登録されて

第3章　先住民地における地球環境問題と社会正義　　53

表 3.1.1　北極圏で登録されている考古遺跡数

地　域	登録遺跡数	地域人口	領域面積	人口密度（k㎡あたり）
アラスカ	34,500	641,894	1,718,000	0.40
カナダ（北極圏）	30,301	164,800	4,365,128	0.04
グリーンランド	5,538	55,860	2,166,000	0.03
ノルウェー（北極圏）	108,000	471,415	108,961	4.30
ロシア（北極圏）	1,600	2,338,604	3,701,921	0.60
合　計	179,939	3,772,573	12,060,010	0.35

Hollsen *et al.* 2018 の Table 1 を改変.

いる．複合遺産としては，「ラポニア地域」（スウェーデン）の 1 カ所が登録され
ている．これらの世界遺産はいずれも地域の先住民族社会の文化的アイデンティ
ティにとって重要であり，必要不可欠な文化的景観の一部を構成している．

　北極圏の寒冷で湿潤な環境は，物質文化資料や古環境資料などを含む考古遺跡
が内包する考古学情報の驚異的かつ長期的な保存を可能にしてきた．遺跡の堆積
物には，人間活動の痕跡にとどまらない多様な動物，植物，昆虫の遺存体が含ま
れており，当時の環境を復元する上で重要な情報源となっている．そしてこれら
の考古学情報は，現在の先住民族の文化にも直接繋がりを持っている．しかし，
急速に進む気候環境変動は世界中で考古遺跡を消滅の危機に陥れている．遺跡は
一度破壊されるとそこに残されてきた歴史文化遺産情報が永遠に失われることと
なり，人類の歴史遺産の損失となる．北極圏では 1980 年代以降に限っても，世
界平均の約 2 倍以上の速度で温暖化が進行しているとされている（Stocker *et al.*
2013）．

　気候変動の影響は，北極圏の環境に広範な変化をもたらしている．異常気象と
気候変動は海氷の急速な減少，グリーランド氷床の融解，洪水，干魃，山火事，
海岸侵食などに現れている（Walsh *et al.* 2020）．とりわけ海水面の上昇とともに
深刻な海岸侵食が進んでおり，沿岸地域に位置する文化遺産が海岸侵食によって
流出する事態が生じている．しかし，今後想定される影響や潜在的脅威の大きさ
については，十分に把握されておらず研究者コミュニティの関心も高いとは言え
ない（Hollesen *et al.* 2018）。

　海岸侵食は北極圏における異常気象や気候現象を顕著に示すものである。ウォ
ルシュらの研究によれば，北極圏の海岸の年間の侵食規模は，平均マイナス 0.5
m とされ，ロシアとアラスカの海岸の大部分では年平均数 m の後退を記録して

おり，カナダのマッケンジーデルタでは1年に最大4.27 mの侵食が観測されている（Walsh *et al.* 2020, p.11）．このような海岸侵食は北極圏の全域において確認されている（口絵3.1）．

　北極圏の海岸線の多くは永久凍土であるため，海岸線の後退には熱的過程だけではなく力学的過程も関与している．最近の海岸侵食の増加の背景には，水温の上昇や無氷期の長期化という気候変動と，暴風雨による波浪とうねりという異常気象の組み合わせが大きく影響し，北極圏の海岸侵食の速度を加速化させているという（Walsh *et al.* 2020, p.12）．

3.1.2　消える文化遺産

　海岸侵食は，沿岸地域に暮らす先住民族の祖先集団が残したかつての居住地や墓地，またその他の考古遺産を危機に追い込んでいる．具体的な海岸侵食による考古遺跡の消滅については，すでにいくつかの報告がなされている．ジョーンズらはアラスカ北部のポイント・ドリュー近くのボーフォート海の海岸線の侵食作用によって，それまでに確認されていた4カ所遺跡のうち3カ所がすでに消滅しており，残りの1カ所も危機に瀕していると報告している（Jones *et al.* 2008）．同じくアラスカのノース・スロープに位置するバロー付近の海岸線は，少なくとも4,000年前から半定住のアラスカ先住民の祖先の居住地となっていたが，海岸侵食と永久凍土の融解によって居住地や墓域が侵食され，考古遺跡が急速に失われている（Jensen 2017）．

　20万km以上の海岸線を有し，すべての海岸地域に過去の人間の居住地が確認されているカナダでは，氷河や極地の海氷の融解が深刻な状況をもたらしている（Friesen 2018）．特にノースウェスト準州とユーコン準州のボーフォート海沿岸では年間数メートルという驚異的な速度で海岸線が後退しており，多くの遺跡が消失しているという（Friesen 2015; O'Rourke 2017）．

　イヌヴィアルイトはカナダ西部の北極圏に住むアラスカから移動したチューレ文化の担い手の子孫にあたるイヌイットである．イヌヴィアルイトの考古遺跡の多くは北極海に面した海岸線に位置している．オロルケらが調査したマッケンジーデルタ地域のイヌヴィアルイトの遺跡の所在地域では，2014年から2015年の暴風雨シーズンに4.25 mも海岸線が内陸側に後退したという（O'Rourke 2017, p.13）．また 1950 年代，1970 年代，1990 年代，2011 年の航空写真と衛生画像から得られた海岸線の変化に基づいてユーコン準州の沿岸部の状況を調査したイルガングらの研究では，2011 年から 2100 年までに少なく見積もって 9.5 ha の土地が将来的に損失すると見積もられており，最悪のシナリオでは最大損失面積は30 ha に及ぶと推定されている（口絵 3.2）．この海岸線の変化によって既に考古遺産の 26％が消失しており，今後 2100 年までに考古遺産の 45% から 60%ほどが消失すると推定されている（Irrgang *et al.* 2019, p.122）．

　グリーランドにおいても沿岸部に位置する遺跡への海岸侵食の影響が指摘されている（Fenger-Neilsen *et al.* 2020）．現在，グリーンランド全体で約 6000 カ所の遺跡が登録されているが，ヌーク地域では登録されている 336 遺跡の 70%が現在の海岸線から 200 m 以内に位置している（Fenger-Neilsen *et al.* 2020, p.1291）．とりわけ古イヌイットやチューレ文化の遺跡は北欧系のノースが残した遺跡に比べて海岸線近くに立地しており，海岸侵食の脅威によりさられている．

　ノルウェーのスヴァーバル諸島では 4000 カ所の考古遺跡が登録されている（Nicu and Fatoris 2023, p.3）．しかし，1927 年から 2020 年までのスヴァールバル諸島の調査では，海岸侵食の速度は -0.14 m/ 年と推定されており，汀線予測分析では保護されている文化遺産の半分が今後数十年で消滅すると見込まれている（Nicu and Fatoris 2023, p.8）．

　ロシア北極圏では,ラプテフ海と東シベリア海沿岸の侵食が深刻である（Lantuit *et al.* 2012）．海岸侵食は年間 5 ~ 6 m の侵食速度が確認されている．北極圏における最古の居住地として知られ，アメリカ大陸の最初の人口を理解する上で重要なヤナ遺跡群においても過去 10 年間で 5 ~ 6 m の侵食速度が測定されている（Pitulko 2014）．ベーリング海峡の北西部であるチュクチ半島の海岸線はそれほど脆弱ではないと考えられているが，海岸侵食による遺跡の破壊が確認されている（Lantuit *et al.* 2012）．

3.2　気候変動の先住民族社会への影響
3.2.1　気候変動の洋資源への影響
　気候変動は海洋資源の減少というさらに深刻な影響を先住民族社会に及ぼしている（Bell *et al.* 2020）．海洋生態系と沿岸生態系は，複雑な社会生態系の中で人

間社会と相互に関連しており，気候変動やその他の環境ストレス要因によって急速に変化している（Savo *et al.* 2016）．これらの生態系への影響としては，海洋表面温度の上昇，酸性化，暴風雨，海面上昇などの気候の変化による影響が指摘されている．その影響は食料安全保障が基本的な栄養素へのアクセスだけでなく，文化的な回復力にも不可欠な自給自足志向の漁業者においてとりわけ深刻である（FAO, 1996）．地球規模の気候変動は，北極圏の生態系において最も顕著になると予測されているが，カナダ北西海岸地域においても海岸線や山岳地形に関連した気候変動が大きく，かなりのリスクを抱えているとされている（Turner and Clifton 2009）．

　魚介類はとりわけ先住民族社会の生活の基盤であり，タンパク質や必須栄養素（ビタミンやミネラルなど）を供給し，文化的アイデンティティの重要な構成要素となっている（Golden *et al.* 2016）．沿岸地域の資源を生活の基盤とする先住民族は，沿岸および海洋環境の気候変動に関する最前線の観察者でもある．天候を読み，予測する能力は漁業者の生存に不可欠であるため，彼らは季節変動の地域パターンを見極めることに長けている．彼らは長期的な経験と生態学的プロセスに関する学習に基づいて，自分たちの環境と密接な関係を持ち，その重要性を深く理解している．また，蓄積された情報や知識は地域の人々の間で共有され，次世代に伝授されることで情報を世代超えて共有されている．この何世代にもわたって共有された蓄積された知識は，伝統的生態学的知識（Traditional Ecological Knowledge）あるいは先住民知（Indigenous Knowledge）と呼ばれる（Savo *et al.* 2016）．

　北米北西海岸の先住民族社会は過去1万年以上にわたって，地域の資源を利用し，彼らが居住してきた風景や環境に適応することで，多くの独特で持続的な生活様式を発展させてきた．彼らは独自にテリトリー内の環境と動植物種の個体数を修正・管理する方法を開発し，数千年にわたり地域資源を維持してきたのである（Turner and Berkes 2006）．その手法は特定の資源が季節ごとに豊富に存在することに強く依存しており，サケやその他の重要な資源種の生息地を維持するためには，予測可能な降雨量，積雪量，山地の氷河などが重要な検討項目となる．海岸沿いでは天候パターン，海流，潮汐に関する何世代にもわたる知識を頼りに海の安全を守っている．現代的な気象予測方法や通信手段の向上そしてテクノロ

第3章　先住民地における地球環境問題と社会正義　　57

ジーの発達にもかかわらず，近年これらの特徴は変化し，予測しにくくなっているとされる（Turner and Clifton 2009, p.181）．

3.2.2　太平洋サケと先住民社会

アメリカ大陸の北西海岸地域の先住民族社会ではサケ科の海洋資源が生活の中で重要な位置を占めてきた．太平洋サケ(Onchorhynchus spp.)は先住民社会にとって単なる食料資源としてのみではなく，信仰や地域のアイデンティティの形成にも大きく関わってきた．

環太平洋北部の先住民族とサケとの関係は1万年以上に及ぶ歴史を有しており，自給自足と生活のためにサケを捕獲してきた（Cannon and Yang 2006; Ritche and Angelbeck 2020）．その結果生まれたサケの長期にわたる集中的な利用とサケの管理システムは，サケ漁業の持続的な生産性を維持し，その規模は植民地時代初期の商業漁業に匹敵するものであったと考えられている（Meengs and Lackey 2005）．これらのシステムは，伝統的な法律，文化的・精神的信念，管理方法に根ざしており，乱獲や個体群崩壊のリスクを抑制することで，野生サケの持続的な豊漁と利用を促進していた．何世代にもわたるサケとの相互依存関係を通じて先住民族は，文化的，精神的な信念や，サケの生態系に関わる高度な管理システムを発展させてきたのである．植民地化はこうした社会生態系を根本的に変え，先住民族の管理を崩壊させたのである．

北西海岸の先住民族の一つであるニスカ族においてサケは，アユクル（ayuukhl）と呼ばれる法規範やアダワク（adaawak）と呼ばれる口承史を形成し，ユクフ（yukw）：ポトラッチとして知られる祝祭の中心的存在であった（Reid *et al.* 2022, p.720）．サケは，ニガアの権利を定義するニガア条約（2000年）の中心的存在でもあり，特別な位置を占めている．

しかし，現在のサケ捕獲量は半世紀前と比べて約6分の1に減少したとされている（Reid *et al.* 2022, p.718）．同様の傾向は他の研究でも指摘されており，ヌハーク族（Nuxalk Nation）では1981年から2009年にかけてベニザケ（*O.nerka*）の年間1家族あたりの捕獲量27 kgであった消費量が82%減少し，春サケであるチヌークサーモン（*O.tshawytsch*）は年間1家族あたり38 kgであったものが年間1家族あたり13 kgに減少したとされている（Kuhnlein *et al.* 2013）．

リードらは，このような太平洋サケの減少の地域コミュニティへの影響を把握するために，「サーモン・ピープル」と呼ばれるカナダのブリティシュ・コロンビア州の 18 の先住民族社会と 48 人の伝統的知識保持者へのインタビューを行っている（Reid *et al.* 2022）．その結果，地域のサケの資源量が減少している要因として伝統的知識保有者たちが指摘したものは，自由回答項目では養殖（29%），気候変動（17%），商業漁業（15%），工業開発（11%）であった．また汚染物質，水力発電事業，違法漁業，感染症が自由回答の 10%を占めていた．一方であらかじめ設定した危機をもたらす要因に基づいた回答では，(i) サケの養殖，(ii) 気候変動，(iii) 汚染物質，(iv) 産業開発，そして (v) 感染症が脅威リスクの上位 5 つを占めている（Reid *et al.* 2022, p.728）．

太平洋岸北西部の河川への遡河魚の回帰がますます予測不可能になり，多くのシステムで野生のサケを対象とする先住民漁業がかつての面影を失うにつれて，サケに関連する文化や経済，知識，言語，法律，幸福そして世界観がどうなっていくのか，深刻な懸念が広がっている（Atlas *et al.* 2021）．先住民の知的伝統を尊重し，先住民の知識を確認する脱植民地的研究戦略は，サケを基盤とする知識体系とサケ個体群の維持・回復に不可欠であるとみなされている（Bingham *et al.* 2021）．

3.3 環境正義・気候正義・先住民族
3.3.1 環境レイシズム

近年，先住民族の権利との関わりで環境正義が論じられる事例が増えている（McGregor 2018; McGregor *et al.* 2020）．環境正義という概念は，1982 年に公民権運動家たちがアフリカ系アメリカ人の割合が高い地域へのポリ塩化ビフェニル（PCB）で汚染された土壌を投棄する計画に対して組織した運動にそのルーツを持つ（Mohai *et al.* 2009）．やがて，環境汚染に関する研究の蓄積が進むと，環境汚染がさまざまな社会階層や民族に及ぼす不平等な影響が指摘されるようになる．やがて低所得者層や少数民族，先住民族がより高い環境負荷に直面しているという指摘がなされるようになった．

とりわけ先住民族の視点からみると，「すべての人々と地域社会は，環境と公衆衛生の法律と規制から平等に保護される権利」を有しており，「物理的な環境

と文化的な環境を切り離して考えることはできない」と理解される（Schweizer 1999）.

1980年代初頭にアメリカ内部の問題として表出した環境正義の運動は，やがて世界各地で同様の環境不平等が生じていることを受けて，よりグローバルな課題となっていった（Mohai *et al.* 2009）. 2000年代に入ると，環境不平等の議論は気候変動との関係からも議論されるようになる. 気候変動は誰が問題を引き起こしたのか，誰がその影響を最も被るのか，といった一連の社会的不平等を反映し，課題を増大させている（シュレーダー＝フレチェット 2022）.

先住民族は，気候変動や環境不平等の被害を最も被る立場にあると言われてきた. マクレガーは，先住民族が経験するさまざまな形の暴力や不正義の一つとして環境の危機や気候変動があると主張する（McGregor 2018, McGregor *et al.* 2020）. カナダにおいては，1996年に「アボリジニに関する王立委員会（RCAP）」が主要な政策の誤りを認め（RCAP 1996），さらに2015年には「真実和解委員会」（TRC）も同様に従来の政策が先住民族にとって植民地主義的であり，人種主義的であったことを認めている（TRC 2015）.

先住民族からみれば，現状の世界は種の絶滅，水質汚染，気候変動などがますます増加しているように映っている（McGregor 2018, p.280）. 先住民族は植民地主義によってもたらされた環境変化の激化を最も直接的に被っており，現在においても環境正義や気候正義において人種差別を経験しているという主張もなされている（Whyte 2017, p.158）. 現在の環境正義の課題への取り組みが先住民族からみて進展していないようにみえる根底には，継続する環境植民地主義の問題がある（Anaya 2014）. 先住民族の権利に関する元国連特別報告者であるアナヤは次のようにその問題点を指摘している.

「カナダの先住民族が直面する矛盾のひとつは，貴重で豊富な天然資源に満ちた伝統的な領土で，その多くが劣悪な環境で暮らしていることである. これらの資源は，多くの場合，非先住民の利益によって採掘と開発の対象となっている. 先住民族は，領土内の資源開発から多くのものを得る可能性がある一方で，それに伴う環境悪化によって，彼らの健康，経済，文化的アイデンティティに最も大きなリスクを負うことにもなる. さらに重要

なことは，土地や資源における長期的利益を守ろうとする先住民族の努力が，連邦政府や州政府の支援を受けた非先住民族の民間企業による資源開発プロジェクトの推進としばしば相容れないことである」(Anaya 2014, p.19)

3.3.2 先住民族にからみた環境正義

自らも先住民研究者であるマクレガーらは，生態系の危機や先住民族が経験するさまざまな暴力や不正義に対処するために「先住民族による環境正義 (Indigenous Environmental Justice: IEJ)」の明確な定式化が必要であると主張する (McGregor *et al.* 2020)．従来の西洋社会において支配的な理解では，自然界は商品や所有物，あるいは「資源」としてみなされており，このような人間中心主義に今日の気候変動が起因するという．対照的に先住民族の理解では，人間とそれ以外の自然界との間には互酬的な義務と責任が存在し，これらの義務と責任が一致することを前提として人間と人間以外の存在の関係は健全なバランスを維持していると考えられている (McGregor *et al.* 2020, p.35)．

このような視点には既存の環境正義の議論への批判も含まれている．先住民族からみれば，既存の環境正義の議論は人間からの観点のみで不公平さを議論してきているようにみえる．先住民族が考える環境正義とは，環境を構成する人間以外のすべての存在，動物，植物，水なども包摂したものである．先住民族にとって水も生命の幸福を確保する義務を持つ生命体であると理解されており，このような理解は資源・財産や商品としての水とは正反対のものである．この文脈において水にとっての環境正義とは，人々が公平に利用できるものという意味だけでなく，「権利と責任を有する生命体としての水に対する正義でもある」と理解されている (McGregor *et al.* 2020, p.36)．

したがって，「先住民族による環境正義」とは人間的な次元を超越しており，人類だけが自身を救うために必要な解決策を持っているわけではない．先住民族は，持続可能な未来への公正な道はすべての関係を考慮しなければならず，そのアプローチは先住民族の知識体系，法秩序，統治，正義の概念を通じて表現されているとみなされている．

このような先住民族の視点に立てば気候変動（あるいは気候危機）を含む環境不正義は，必然的に植民地主義，収奪，資本主義，帝国主義／グローバリゼーショ

ンの進行過程と結びついている．現在の生態系危機は「植民地主義の強化」の結果として理解されており，実行可能で持続可能な前途を描くためには脱植民地化が求められている（Reo *et al.* 2018）．

植民地主義とは一般的に，ある集団／社会が他の社会の領土を支配し，独自の法制度や統治制度を押し付けることと理解されている．入植者植民地主義は植民地化の一形態であり，入植者は他の社会の故郷に「定住」することを決定し，自分たちのものを確立するために先住民族の経済，文化，政治組織を消し去る（Whyte 2017）．しかし，先住民族の環境正義という枠組みは，必ずしも先住民族が単なる被害者で悪影響を受ける弱者という存在に留まらない．先住民族はこのような大規模な危機に対して脆弱ではあるが，歴史的に帝国主義，資本主義，植民地主義を生き延びてきた経験も持っており，それが壊滅的な環境変化を生き延びるための知識を備えているのだと主張する（Whyte 2017; McGregor *et al.* 2020）。

3.4 先住民族の方法論と先住民知
3.4.1 先住民族の方法論

先住民研究では，先住民族が独自に構築してきた世界観や知識体系を再評価し，科学的思考に加えて先住民族独自の視座や知的体系を研究や社会実践に取り入れていく動きが進んできている（Smith 1999, Kovach 2021）．

先住民族社会からみると研究とは，先住民族とその大地を植民地化するための道具と映る．研究という言葉は植民地主義と深く結びついている．従って研究の脱植民地化の探究は，先住民研究において最も議論されている課題の一つとなっている．研究の脱植民地化の過程では，批判的に評価される新たな方法論と先住民族が抱える課題を研究するための倫理的かつ文化的に受け入れることが可能な新たな研究アプローチが必要とされる．先住民族自身による新たな研究の方法の必要性を提唱してきたスミスは，研究方法の脱植民地化を「私たちの概念と世界観を中心に据え，私たち自身の視点から，私たち自身の目的のために，理論と研究を知り，理解するようになること」と定義している（Smith 1999, p.39）．

ここで提唱されている「先住民族の方法論（Indigenous methodologies）」とは，先住民族の視点からみて，先住民族の抱える問題に関する研究がより尊重され，

図 3.4.1　先住民族の方法論
Cooper *et al.* 2019, p.6 の図に加筆.

倫理的で，正しく，共感的で，有用かつ有益な方法で行われることを意味している（Cooper 2019）（図 3.4.1）．このような見解が先住民族出身の研究者たちから提起されてきた背景には，従来の研究の構造的問題がある．従来の研究では「先住民族の問題」を解決すること，あるいは先住民族に関する疑問に対する答えを探求することを目的とした研究が，非先住民族である研究者によって行われてきた．そのような研究において先住民族の知識や大地，そして先住民族は非先住民族の利益とはなっても，また研究の情報源として利用されることはあっても，先住民族側にはほとんどその成果は還元されてこなかった（Smith 1999）．

先にみた環境正義をめぐる先住民族の位置づけもまた同様の構図の存在が指摘されている．先住民族の経験が単に「被害者」の経験や，悪影響を受ける弱者の経験であるという見解に対抗する見解も先住民族出身の研究者から提示されている（Whyte 2020, McGregor *et al.* 2020）．先にみた先住民族を歴史的かつ継続的な帝国主義，資本主義，植民地主義を生き延びてきた存在であり，その中で育んだ壊滅的な環境変化を生き延びるための知識を備えている存在であるという主張はその代表的なものである（McGregor *et al.* 2020, p.37）．

「先住民族の方法論」は，非先住民族の研究者を否定するものではなく，西洋の学問的規範を否定しているわけではない．また「先住民族の方法論」は，先住

民族であるという理由だけで，先住民族の学者を特権化するわけでもない．先住民族の方法論は，先住民族の関心，経験，知識が研究方法論と先住民族に関する知識の構築の中心になければならないことを念頭に置き，研究のプロセスと結果について批判的に考えることを求めている（Rigney 1999, p.119）．

3.4.2　先住民知

　研究への先住民族の参画機会が確保されない状況については，しばしば先住民族側から批判的な指摘がなされてきている（Arsenault *et al.* 2019; Chapman and Schott 2020）．その際に回復の手段としてしばしば指摘されるのが，「先住民知（Indigenous Knowledge）」あるいは「伝統知（Traditional Knowledge）」の研究への適用である．

　「先住民知（あるいは伝統知）」とは，「生物と非生物，あるいは人間と自然界との関係についての特定のコスモロジカルな信念から生じる責任」に関する先住民の視点を反映したものとされる（Whyte 2013, p.5）．先住民族出身の研究者は，先住民族の伝統が先住民族や自然界，そして祖先や未来の世代との関係や互いに対する責任について規定していると主張する（McGregor 2018）．この人間と非人間との関係性に対する先住民族の捉え方は，環境正義を理解する上で非先住民の観点と著しく異なる点である．先住民族の視点からみれば，環境正義とは不公平で不公正な人間関係だけでなく，「すべての人間関係」に関わるものであり，不公正は人々の生活だけでなく，環境を構成する他のすべての存在（動物，植物，鳥類，水など）に対する攻撃も包含している（McGregor 2018, p.288）．

　人為的な気候変動は，先住民族にとって継続される植民地主義の一形態として受け取られている（Whyte 2020）．従って持続可能な未来に向かうためには脱植民地化が必要であり，そのための具体策として劇的な環境と気候の変化に直面する中で，先住民族が自ら決定できる状況を作り出すために先住民族の知識と法制度の活用方法が検討されている．

　先住民族の環境正義を実現する上で，「先住民族の権利に関する国連宣言（UNDRIP）」やその他の人権文書が果たす役割は少なくない（McGregor *et al.* 2020）．「自然の権利（rights of nature）」や「地球本位法（Earth Centered Law）」などの主張は，環境正義や持続可能な未来に関する従来の概念を，人間以外の存

在を考慮したり包含したりする「物語 (narratives)」へと拡張するものとされている (Sheehan and Wilson 2015).

地球を中心とする法の重視は，先住民族の世界観に部分的に基づいているか，あるいはその影響を受けている (McGregor *et al.* 2020). この動きを受けて国連は，2018年に「自然との調和」に関する決議を採択し，限定的な形ではあるが，既存の持続可能な開発目標に限定して，地球法学，自然の権利を認めた (UNGA 2018). この種のアプローチは，人間は自然から切り離されているという見方から生じる近代的思考に挑戦するものでもある (ラトゥール 2008). 自然の権利という言説は，人間の生きる空間としての地球のもうひとつの側面を捉えている. 私たち人類が地球と共存し，生命の存続を支えていく上において，先住民知と世界を理解するシステムは，生きた実例と洞察を提供してくれる可能性がある.

3.5 研究への先住民族の参画
3.5.1 先住民族の参画

先住民族の自己決定権を拡大させるためには，研究者と先住民知の保有者である地域社会の構成員が協働していく必要がある. さらに自己決定の過程では，文化的に埋め込まれた世界観や学習方法，理論的枠組みの理解という研究の脱植民地化が必要とされている (Smith 1999).

チャップマンとショットは先住民知を強化し，西洋科学の手法が規範に与える影響を考慮しながら，相互に有利な新しい知識を集団的に創造する努力の必要性を指摘する. その取り組みは先住民族社会において，また先住民族社会とともに活動する非先住民研究者の道徳的・倫理的責任であるという (Chapman and Schott 2020). また先住民知と西洋科学の知識の共同生産の過程は，双方の知識システムに動的影響を与えることから，この動きを「知識の共進化 (knowledge coevolution)」と呼んでいる (Chapman and Schott 2020, p.932).

共進化型のプロジェクトの原則は，以下のように示されている：

1. 統一され，合意された研究目的（研究の過程での変更の可能性あり）
2. 研究・学習過程のガバナンスと運営組織
3. すべての関係者へのトレーニング機会提供の重視
4. 知識とデータの効果的共有と集団的解釈

第 3 章　先住民地における地球環境問題と社会正義　　65

5．複数の知識体系が共存する事例では一つの知識体系が他を支配しないこと
6．伝統知保持者に力を与え，その繁栄を促進する有益な成果の創出
7．集団的学習，ガバナンス，管理手法の強化

　先住民族の文化と知識は，長くその地域環境と関係し，生活の基盤に深く依存している．その中で構築された独自の文化と蓄積された知識を尊重し，その継承が断絶しないように配慮していくことが重要である．歴史的に近代化の過程においては，そのような先住民族独自の世界観や知識の重要性は省みられることなく，非西洋的な思考であり，近代科学主義に適合しないとの理由から抑圧し，否定されてきた．今日では先住民族がこれまで彼らの生活環境や将来を左右する重要な決定プロセスに十分に関与できなかったことが問題視されている．先住民族が現状において貧困な健康や教育などの面において格差や不利な状況に置かれていること，気候変動などで最もダメージを受ける立場にある要因の一つとして，政治や政策決定過程に参画できなかったことがある．先住民族の政治や研究への参画（Indigenous participation）は，気候変動への対応や天然資源の管理において先住民族が自身の権利を守り，行使できるような環境整備のためにも必要な条件といえよう．

3.5.2　コミュニティーから発信される研究

　「先住民知」と「西洋科学の知」との共進化を目指す先住民族社会と研究の協働は気候変動によって壊滅的危機に瀕している遺産管理においても取り組まれている．
　アラスカ半島のユピックの末裔が住むクインハガク村が始めたヌナレック（ユピック語で「古い村」を意味する）・プロジェクトでは，地域住民が調査のモニタリングに参加するコミュニティ主体のプロジェクトが実施されている（Hillerdal *et al.* 2019; Gunnarsdóttir 2024）．ヌナレック・プロジェクトにおいては，1）地球規模の気候変動の脅威に晒されている先住民族の文化遺産の把握と，2）先住民族の社会に十分な権限を与えた考古遺産の保存体制を整備する，という2つの目的が掲げられている（Hillerdal *et al.*2019）．
　そもそもこのプロジェクトは，海岸侵食による考古遺産の消失の危険性を認識

したクインハガク村の住民の主導で 2009 年に始まった．8 回のフィールドシーズンに実施された調査によって約 75,000 点の資料が出土しており，アラスカにおける単一遺跡から出土した考古資料としては最大級のものとなっている．

　地域社会にとって遺跡の存在は，土地との結びつきや，場所に根ざした学習や伝統を強化する効果がある．考古遺跡や遺物を通して，地域住民は過去や祖先と交流し，伝統的な生活様式と現代的な生活様式を具体的に結びつけるきっかけにもなっている．

　このヌナレック・プロジェクトにおいても地域住民と外部からの訪問者との協働作業は「知識の共進化」の有効性を証明している．村の住民は調査への参加を通じて考古学の知識と技術を身につけ，考古学者はユピックの文化と地元の生態学的知識を身につけることができた．このプロジェクトにおいては，クインハガク村のユピック社会は研究の対象ではなく，過去を再構築しようとする共同作業のパートナーとして位置づけられている（Hillerdal *et al.* 2019; Gunnarsdóttir 2024）．

　調査する考古学者は毎シーズン，地域の理事会の代表者と会合を持ち，考古学調査の進捗状況を報告すると共に，今後のプロジェクトの進展について協議を行なっている．調査における重要な決定事項は理事会に諮られ，理事会会議によって承認される．具体的な検討事項としては，資料のサンプリング手順や，同位体および DNA 研究のためのヒトの毛髪のサンプリングとその分析などがある．プロジェクトに関する論文は，出版前に理事会に送られ，地域社会のメンバーの査読を受けている．

　消滅の危機に瀕した遺産保全からスタートしたプロジェクトではあるが，ヌナレック・プロジェクトは単なる消滅遺産の記録保全以上の利益をもたらしている．アラスカの多くの沿岸地域社会は自分たちの生活様式に対する厳しい変化に直面しているが，自らの手で地域の歴史遺産を探求し，理解することを通じて地域社会の力を与える取り組みを実践している．ヌナレック・プロジェクトにおいて先住民族社会と考古学者は，互いに地球温暖化がもたらす脅威から地域の文化遺産を守るための最も効果的なパートナーであることを確認したと言えよう（Hillerdal *et al.* 2019）．

3.6 先住地における社会正義の実現

ヌナレック・プロジェクトでみたように（Hillerdal *et al.* 2019; Gunnarsdoóttir 2024），文化遺産管理においても先住民族社会と研究者の間において，遺産管理への協力的なアプローチが急速に台頭している．ここにも危機に直面する自分たちの遺産の管理への参画を強化し，自らの文化的アイデンティティの基盤の保護を主導したいという先住民族側の主張が明確に示されている．

先住民族は気候変動や環境不平等の被害を最も被る立場にあると言われてきた（McGregor *et al.* 2020）．実際に，先住民族自身は気候・環境変動を自らの生存戦略に大きく影響する深刻な問題として捉えている．先住民知に基づく理解では先住民族社会は，先祖に対する責任（文化遺産に代表される）と家族に対する責任（現在の文化的アイデンティティ），さらに子孫に対する責任（未来の生物を含む地域環境の保全）に対して重要な義務を背負っていると考えている．目前で生じている気候・環境変動と文化遺産に対する危機は，先住民族が構築してきた知識体系である先住民知の危機でもある．

先住民族からみれば，先住民族が直面する気候・環境問題は植民地主義によってもたらされたものであり，危機的現状は植民地主義が現在も継続していることを示すものと言える（Whyte 2017）．先住民族が直面する気候・環境問題や文化的アイデンティティの危機に対して自ら解決に取り組んでいくためには，自己決定権の行使が不可欠である．地球規模に展開する課題の解決には，文化的に埋め込まれた世界観と自らの生活領域に関する深い知識を有する先住民知の保持者である先住民族と，広域の情報を保有し，比較観測が可能な立場にある研究者とが協働している必要がある．ここでの協働とは，単なる研究成果の共有ではなく，研究計画の立案から調査活動や分析，成果の共有に至る研究活動全般における協働が不可欠となる．

先住民族が被る不正義を解決していくためには，「先住民族の権利に関する国連宣言（UNDRIP）」に明記された先住民族の自己決定権を含む先住権を保障する必要がある．先住民族は自由に自らの政治的地位を決定し，経済的，社会的，文化的発展を自由に追求する権利がある．一方でそのような先住民族の自己決定権の行使の実現に至る道筋として，どのような手続きが必要かつ最善なのか，あるいはどのように具体的な保全管理計画への参画を実現するのかについては，未

解決の課題も多く，さらなる議論が必要とされている.

付記

本研究には JSPS 科研費 21H04352 を使用した.

参考文献

岸上伸啓（2023）先住民研究における新たな展開について：カナダの場合を中心に. 人文論究,
53, 13-26.

シュレーダー ＝ フレチェット K.(2022)『環境正義 —— 平等とデモクラシーの倫理学』勁草書房.

ラトゥール B.（2008）『虚構の「近代」：科学人類学は警告する』新評論.

Anaya, J.（2014）*The Situation of Indigenous Peoples in Canada: Report of the Special Rap- porteur
on the Rights of Indigenous Peoples*. United Nations Human Rights Council, July 4. http://unsr.
jamesanaya.org/country-reports/the-situation-of-indigenous-peoples-in-canada.

Arsenault, R., Bourassa, C., Diver, S., McGregor, D. and Witham, A.（2019）Including indigenous
knowledge systems in environmental assessments: restructuring the process. *Global Environmental
Politics,* 19 (3), 120-132.

Atlas, W.I., Ban, N.C., Moore, J.W., Tuohy, A.M., Greening, S., Reid, A.J., Morven, N., White, E., Housty,
W.G., Housty, J.A. and Service, C.N.（2021）Indigenous systems of management for culturally and
ecologically resilient Pacific salmon（Oncorhynchus spp.）fisheries. *BioScience,*71 (2), 186-204.

Bell, R.J., Odell, J., Kirchner, G. and Lomonico, S.（2020）Actions to promote and achieve climate -
ready fisheries: summary of current practice. *Marine and Coastal Fisheries,*12 (3), 166-190.

Bingham, J.A., Milne, S., Murray, G. and Dorward, T.（2021）Knowledge pluralism in first nations'
Salmon management. *Frontiers in Marine Science,*8, 405.

Bullard, R.D.（2012）The legacy of American apartheid and environmental racism. *Journal of Civil
Rights and Economic Development,* 9 (2), 3.

Chapman, J.M. and Schott, S.（2020）Knowledge coevolution: generating new understanding through
bridging and strengthening distinct knowledge systems and empowering local knowledge holders.
Sustainability Science, 15 (3), 931-943.

Cannon, A. and Yang, D.Y.,（2006）Early storage and sedentism on the Pacific Northwest Coast: ancient
DNA analysis of salmon remains from Namu, British Columbia. *American Antiquity,* 71 (1), 123-140.

Cooper, D.（2019）When research is relational: Supporting the research practices of Indigenous studies
scholars. https://digitalcommons.unl.edu/scholcom/107/

FAO（1996）*Rome Declaration on World Food Security*. Retrieved from http://www.fao.org/docrep/003/
w3613e/w3613e00.HTM. Accessed July 6, 2024.

Fenger-Nielsen, R., Elberling, B., Kroon, A., Westergaard-Nielsen, A., Matthiesen, H., Harmsen, H.,
Madsen, C.K. and Hollesen, J.（2020）Arctic archaeological sites threatened by climate change: A
regioFnal multi-threat assessment of sites in south-west Greenland. *Archaeometry,* 62 (6), 1280-1297.

Frieson, T.M.（2015）The Arctic CHAR Project: Climate Change Impacts on the Inuvialuit Archaeological
Records. Les Nouvelles del'archéologie 141, 31-37.

Frieson, T.M.（2018）Archaeology and Modern Climate Change. *Canadian Journal of Archaeology* 42,

第 3 章　先住民地における地球環境問題と社会正義　　69

28-37.

Golden, C.D., Allison, E.H., Cheung, W.W., Dey, M.M., Halpern, B.S., McCauley, D.J., Smith, M., Vaitla, B., Zeller, D. and Myers, S.S. (2016) Nutrition: Fall in fish catch threatens human health. *Nature,* 534 (7607), 317-320.

Gunnarsdóttir, K.Ó. (2024) Community archaeology and climate change. *World Archaeology,* 1-17.

Hillerdal, C., Knecht, R. and Jones, W., 2019. Nunalleq: archaeology, climate change, and community engagement in a Yup'ik village. *Arctic Anthropology,* 56 (1), 4-17.

Hollesen, J., Callanan, M., Dawson, T., Fenger-Nielsen R., Friesen, T.M., Jensen A., Markham A., Martens, V., Pitlko, V. and Rockman M. (2018) Climate change and the deteriorating archaeological and environmental archives of the Arctic. *Antiquity,* 92 (363), 573-586.

Irrgang, A.M., Lantuit, H., Gordon, R.R., Piskor, A. and Manson, G.K. (2019) Impacts of past and future coastal changes on the Yukon coast-threats for cultural sites, infrastructure, and travel routes. *Arctic Science,* 5 (2), 107-126. https://doi.org/10.1139/as-2017-0041

Jensen, A.M. (2017) Threatened heritage and community archaeology on Alaska's North Slope, in T. Dawson, C. Nimura, E. Lopez-Romero and M.Y. Daire (ed.) *Public archaeology and climate change,* 126-137. Oxford, Oxbow.

Jones, A.M., Hinkel, K.M., Arp, C.D. and Eisner, W. R. (2008) Modern erosion rates and loss of coastal features and sites, Beaufort Sea coastline, Alaska. *Arctic,* 61, 361-372.

Kovach, M. (2021) *Indigenous methodologies: Characteristics, conversations, and contexts.* University of Toronto press.

Kuhnlein, H.V., Fediuk, K., Nelson, C., Howard, E. and Johnson, S. (2013) *The legacy of the Nuxalk food and nutrition program for food security, health and well-being of Indigenous peoples in British Columbia.* BC Studies: The British Columbian Quarterly, (179), 159-187. DOI: 10.14288/bcs. v0i179.184117

Lantuit, H., Overduin, P. P., Couture, N., Wetterich, S., Aré, F., Atkinson, D.E., Brown, J., Cherkashov, G., Drozdov, D., Forbes, D.L., Graves-Gaylord, A., Grigoriev, M.N., Hubberten, H.-W., Jordan, J., Jorgenson T., Ødegård, R.S., Ogorodov, S.A., Pollard, W.H., Rachold, V., Sedenko, S., Solomon, S., Steenhuisen, F., Streletskaya, I. and Alexande, V. (2012) The Arctic coastal dynamics database: a new classification scheme and statistics on Arctic permafrost coastlines. *Estuaries and Coasts, 35,* 383-400.

Meengs, C. C. and Lackey, R. T. (2005) Estimating the size of historical Oregon salmon runs. *Reviews in Fisheries Science, 13* (1), 51-66.

McGregor, D. (2018) Indigenous environmental justice, knowledge and law. *Kalfou Journal of Comparative and Relational Ethnic Studies. Temple University Press,* 5 (2), 279-296.

McGregor, D., Whitaker, S. and Sritharan, M. (2020) Indigenous environmental justice and sustainability. *Current Opinion in Environmental Sustainability,* 43, 35-40.

Mohai, P., Pellow, D. and Roberts, J.T. (2009) Environmental justice. *Annual review of environment and resources,* 34 (1), 405-430.

Nicholas, G.P., Roberts, A., Schaepe, D.M., Watkins, J., Leader-Elliot, L. and Rowley, S. (2011) A consideration of theory, principles and practice in collaborative archaeology.*Archaeological Review from Cambridge,* 26 (2), 11.

70   地球環境学×先住民学

Nicu, I. C. and Fatorić, S. (2023) Climate change impacts on immovable cultural heritage in polar regions: A systematic bibliometric review. *Wiley Interdisciplinary Reviews: Climate Change,* e822. https://doi.org/10.1002/wcc.822

O'Rourke, M.J. (2017) Archaeological site Vulnerability Modeling: The Influence of High Impact Storm Events on Models of Shoreline Erosion in the Western Canadian Arctic. *Open Archaeology,* 3, 1-16. https://doi.org/10.1515/opar-2017-0001.

Pitulko, V. V. (2014) Potential impacts on the polar heritage record as viewed from frozen sites of East Siberian Arctic, in J. Bickersteth, N. Watson, M. Frisen and J. Hollesen (ed.) *International Polar Heritage Committee of ICOMOS conference 2014: the future of polar heritage-programme and book of abstracts,* 77-80. Copenhagen: National Museum of Denmark.

Pitulko, V.V. and Pavlova, E. (2022) Structural Properties of Syngenetic Ice-Rich Permafrost, as Revealed by Archaeological Investigation of the Yana Site Complex (Arctic East Siberia, Russia): Implications for Quaternary Science. Frontiers of Earth Science. *Frontiers in Earth Science,* **9**. doi:10.3389/feart.2021.74477

RCAP (Royal Commission on Aboriginal People) (1996) *People to People, Nation to Nation: Highlights from the Report of the Royal Commission on Aboriginal Peoples.* Ottawa: Minister of Supply and Services. http://www.aadnc-aandc.gc.ca/eng/1100100014597/110 0100014637.

Reid, A.J., Young, N., Hinch, S.G. and Cooke, S.J. (2022) Learning from Indigenous knowledge holders on the state and future of wild Pacific salmon. *Facets, 7* (1), 718-740.

Reo, N.J. and Ogden, L.A. (2018) Anishnaabe Aki: an indigenous perspective on the global threat of invasive species.*Sustainability Science,* 13, 1443-1452.

Rigney, L.I. (1999) Internationalization of an Indigenous anticolonial cultural critique of research methodologies: A guide to Indigenist research methodology and its principles. *Wicazo sa review,* 14 (2), 109-121.

Ritchie, M. and Angelbeck, B. (2020) "Coyote broke the dams": Power, reciprocity, and conflict in fish weir narratives and implications for traditional and contemporary fisheries. *Ethnohistory,* 67 (2), 191-220.

Savo, V., Morton, C. and Lepofsky, D. (2017) Impacts of climate change for coastal fishers and implications for fisheries. *Fish and Fisheries, 18* (5), 877-889.

Schweizer E. 1999. Environmental justice: an interview with Robert Bullard. Earth First! J. July. http://www.ejnet.org/ej/bullard.html

Sheehan, L. and Wilson, G. (2015) Fighting for our shared future: Protecting both human rights and nature's rights. *Earth Law Center.*

Smith, L. T. (1999) Decolonizing Methodologies: Research and Indigenous Peoples. London: Zed Books.

Stocker, T. F., Qin, D., Plattner, G. K., Alexander, L. V., Allen, S. K., Bindoff, N. L. and Xie, S.P. (2013) Technical summary. In *Climate change 2013: the physical science basis. Contribution of Working Group I to the Fifth Assessment Report of the Intergovernmental Panel on Climate Change* (33-115). Cambridge University Press.

TRC (Truth and Reconciliation Commission of Canada) (2015) *What We Have Learned: Principles of Truth and Reconciliation.* http://www.trc.ca/websites/trcinstitution/File/2015/ Findings/

第 3 章　先住民地における地球環境問題と社会正義　　71

Principles_2015_05_31_web_o.pdf.

Turner, N.J. and Berkes, F. (2006) Coming to understanding: developing conservation through incremental learning in the Pacific Northwest. *Human ecology, 34*, 495-513.

Turner, N.J. and Clifton, H. (2009) "It's so different today": Climate change and indigenous lifeways in British Columbia, Canada. *Global environmental change,* 19 (2), 180-190.

UNGA (2018) Harmony with Nature. UN Doc. A/ RES/73/235 2018.

Walsh J.E., Ballinger T.J., Euskirchen E.S., Hanna E., Mard J., Overland J.E., Tangen H. and Vihma Zt. (2020) Extreme weather and climate events in northern areas: A review. *Earth-Science Reviews,* 209, 103324, https://doi.org/10.1016/j.earscirev.2020.103324.

Whyte, K. (2017) Indigenous climate change studies: Indigenizing futures, decolonizing the Anthropocene. *English Language Notes,* 55 (1), 153-162.

Whyte, K. (2020) Too late for indigenous climate justice: Ecological and relational tipping points. *Wiley Interdisciplinary Reviews: Climate Change,* 11 (1), p.e603.

第4章 地球環境学 × 環境社会学

環境・人権ガバナンスの逆機能としての「被害の不可視化」
── オルタナティブとしての生産・消費をめぐる社会関係のローカル化 ──

笹岡 正俊

　ここ数十年来，環境と社会の持続可能性に対する価値が社会に広く浸透し，企業の事業活動による環境破壊や人権侵害を防ぐためのさまざまな仕組みが整備されてきた．近年ではSDGsの達成に向けて，企業，政府組織，非政府組織による協働の取り組みが活況を呈している．そのようななか，少なくとも社会の表層では，環境や人権を守るための対策が進んだとの認識が広がっている．確かに対策は進んだ．しかし，「グローバル商品」の原料生産の現場を歩くと，地域の人びとの生活環境の悪化，土地・資源をめぐる紛争，労働者への人権侵害など，今なおさまざまな被害が起きていることがわかる．しかし，環境・人権ガバナンスが制度化・主流化していくなかで，皮肉にもローカルな現場で起きている被害は私たちの視野に入ってきにくい状況が生まれている．それはいったいなぜなのか．本章では，環境・人権ガバナンスの制度化・主流化が進んだ後の世界でなぜ「被害の不可視化」が起きているのかを考える．

4.1 なぜ被害の不可視化を問題にするのか

　本章が焦点を当てる「被害の不可視化（invisibilization of victimization）」とは，ローカルな現場で生じている「環境被害」── 人の活動による環境侵害を媒介に人が人に与える身体的・精神的・経済的・社会的損害 ── が社会の大多数の構成員（その多くは環境破壊をもたらす事業や政策によって利益を享受する人びと）にとって見えにくいものになってしまうことを指す．

　高度成長期に集中発生した産業公害の時代から今日にいたるまで，被害は常に

不可視化されてきた．水俣病事件がその典型だが，産業公害はしばしば経済的・政治的「中心」から地理的に遠く離れた土地で発生した．辺境で生じた局所的な被害は，当初，経済成長に伴う「必要悪」とみなされ，「みんなのため」という理屈によって半ば放置され，解決すべき問題として認識されるまでに時間がかかった．その間，被害は社会の表に出ることはほとんどなかった．その後，被害者とその支援者たちの長い闘いの末，政府による公害認定が実現した．しかし，そうなっても，加害企業やその後ろ盾となる国は，被害を否認ないしは過小評価した．

　その後，産業公害の多大な犠牲を経て日本国内では環境対策が進んだ．そして，同じ時期に経済のグローバル化が進んだ．生産と消費をめぐる社会関係が国境を超えて拡大し，緊密化するなかで，環境被害の現場は海外に広がった．そこでも被害は不可視化された．日本の環境社会学の創設に中心的な役割を果たした飯島伸子は「地球環境問題時代における公害・環境問題と環境社会学」と題した論文の中で「公害問題は地球規模の危機が現実化した現在においても，それぞれの地域や国内でも，また国際的な規模においても依然としてなくなっておらず，むしろ，見えにくくなり，潜在化しながら拡大している傾向にある」（飯島 2000, p.17）と述べた．そして，そうした「見えにくさ」を生み出す要因のひとつとして，加害―被害関係の重層化を挙げた．つまり，かつての産業公害のような汚染物質排出企業対被害住民といった単純な関係ではなく，スケールの異なる複数の加害―被害関係が折り重なり，複雑な様相を呈すようになったことがローカルな現場で起きている被害を見えにくくしているというのである．また，環境社会学者の平岡義和はフィリピンへの公害発生工程の海外移転（公害輸出）を例に，一つの国の内部に併存していた加害者と被害者（受益者と受苦者）が国際的に分離することによって，加害（受益）側の人間には被害者の側の状況が直接的には見えなくなり，不公正が意識されなくなることを指摘した（平岡 2003, p.144）．

　これらの議論は，経済のグローバル化のなかで，ローカルな現場で起きている被害が私たちの視界に現れてこなくなる事態に警鐘を鳴らした重要な指摘だ．しかし，今日では上記の要因に加えて，環境・人権ガバナンスの制度化・主流化が，新たな形でさらなる被害の不可視化を生み出している．しかも，それは環境・人権ガバナンスの制度化・主流化に付随して偶発的に起きているのではなく，後述するように，そこに内在する要因によって必然的に起きているものである．

これまでの歴史が示すように，政治的，経済的に力の弱い人びとが経験してきた環境被害は埋もれがちであり，放っておけば無かったことにされかねないものである．本書を貫くテーマである，より包摂的で公正な社会に向けた未来像を描くためには，被害の不可視化がどのように起き，それに抗うためには何が必要かを問うことが大切になってくる．

以上を踏まえて本章ではインドネシアの製紙メーカーが打ち出した自主行動方針を軸に動き出した紙をめぐる環境・人権ガバナンスを事例にとりあげ，どのようなメカニズムで被害の不可視化が起きているのかを描く．その上で，被害の不可視化の問題にどう向き合うべきなのか，若干の展望を示したい．

4.2 自主規制型の環境・人権ガバナンスの制度化・主流化

経済のグローバル化の過程で途上国政府は，外国資本を惹きつけるため，生産コストに直結する環境基準や労働基準などを厳格化しなかった．そのためさまざまな環境・人権問題が生じたが，国際機関はそれに効果的に対応できなかった．環境保全や人権保護を目的とした国際的ルールに拘束力をもたせることは経済の自由化に逆行する行為とみなされ，国際的合意を得ることが難しかったからである．こうして環境や人権といった問題領域では政府や国際機関の機能を補完・代替する私的権威（認証制度など）が登場し，政府を迂回して企業などに影響を与えるようになった（山田 2021, p.94-95）．

以上を背景に 1990 年代以降，環境や人権の分野で非国家主体（企業や NGO といった民間のアクター）が政府に代わって公共政策の策定と執行を担う状況が広がっていった．公共的課題解決のために民間アクターが中心的な役割を果たすガバナンスのあり方はプライベート・ガバナンスと呼ばれている（Auld *et al.* 2009；佐藤 2017；山田 2021）．

環境・人権分野におけるプライベート・ガバナンスを動かす仕組み（private scheme）には，環境マネジメントのための国際規格（1996 年），国際資源管理認証（例えば，森林認証を行う FSC の設立は 1993 年，パーム油の認証をおこなう RSPO の設立は 2004 年），環境報告基準（環境・社会・経済への影響を評価し，報告するための国際的ガイドラインを策定した GRI の発足は 1997 年）などさまざまなものがある（Perez 2011）．

1990年代初頭から2000年代半ばにかけて，そうしたガバナンスを駆動させる「道具立て」が整った後，グローバル商品 —— 原料の生産から，製品の製造，そして最終的に消費者の手に届くまでの一連のつながり，すなわちサプライチェーンが国境を越えた広がりを持つ商品 —— を取り扱う企業の多くは「企業の社会的責任（corporate social responsibility：CSR）」を果たすために自らが守るべき行動規範（voluntary code of conducts）をまとめた「自主行動方針」を制定・公表するようになった．多くの企業はその行動方針のなかで，国際資源管理認証など既存の仕組みを活用しながら，自らのビジネスが環境を壊したり，人権を踏みにじったりすることがないよう配慮することを世間に約束している．また，方針の履行を確かなものにするため，履行状況を第三者がモニタリング・評価する制度や「苦情処理制度」を設けている．つまり，方針策定後は認証制度など既存の仕組みを担う組織，外部の評価組織，そして，事業から影響を受ける幅広い利害関係者（NGOや地域住民など）と企業との協働，すなわちガバナンスが創出・制度化され，共通の目標の達成が図られることになった．

このように，企業が定めた自主行動方針の実施・監視・評価に関わる多様な利害関係者が，ビジネスが生み出す環境や人権をめぐる問題に対処するために協働していくプロセスを本章では自主規制ガバナンス（self-regulatory governance）と呼ぶ（図4.2.1）．

自主規制ガバナンスは法的拘束力を持たないボランタリーな取り組みであり，自らが打ち出した方針を守るかどうかはその企業の裁量に任されている．たとえ

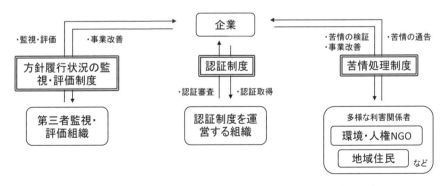

図4.2.1　自主規制ガバナンスを支える主要な制度と利害関係者

守らなくても，法執行機関から企業が罰せられることはない．しかし，守らなければ製品を購入する企業や最終消費者が製品を購入しなくなったり，投資家が投資を行わなくなったりする可能性がある．そうした「市場の判断」を恐れて，企業は自ら定めたルールに従い，関係する他のアクターもしかるべき働きをするはずだ ——．この想定が自主規制ガバナンスに多くの人が正統性をみとめている背景にある．このように自主規制ガバナンスは市場メカニズムに強く依拠するプロセスである．実はこの点が環境・人権ガバナンス時代の被害の不可視化を考えるうえで重要なポイントになってくるのだが，それついては後で詳述するとして，まずは本章で取り上げるインドネシアの紙をめぐる自主規制ガバナンスがどのように形成されたのかを見ていくことにしよう．

4.3 　紙をめぐる自主規制ガバナンスの形成

　紙の原料も含めて，産業用材を供給するために伐採することを目的として森林を造成することを「産業造林」(industrial tree plantation) と呼ぶ．インドネシアにおいて産業造林は国有林の約 6 割を占める「生産林」において，環境林業省（2013年以前は林業省）が植林事業を行う企業に一定の条件の下で経営権（産業造林事業権）を与えるやり方（コンセッション方式）で行われてきた．

　インドネシアで産業造林事業が活発に行われるようになるのは 1990 年代半ば以降のことである．それを牽引してきたのが，巨大企業グループであるシナールマスグループ（SMG）の主力部門をなす製紙メーカー，アジアパルプアンドペーパー社（APP 社，以下 A 社）だ．A 社が生産する紙製品は世界約 120 カ国で消費され，インドネシアでの紙生産量は年間 900 万トンに上る（鈴木 2016）．A 社のサプライヤー（原料供給企業）が取得している事業権の交付面積（コンセッション面積）は，産業造林事業権の総交付面積（979 万ヘクタール，2012 年 11 月時点）の約 27%を占める（藤原ほか 2015）．この点からも A 社がインドネシアの森林環境や周辺住民の暮らしに与える影響力の大きさがわかる．

　A 社とそのサプライヤーは紙の原料生産のための大規模植林事業によって，天然林伐採による生物多様性の消失，森林火災による気候変動の促進といった環境問題を引き起こすとともに，住民との土地紛争を引き起こしてきた．そのことに対して，国内外の環境 NGO や人権団体は厳しい批判を寄せてきた（Dieterich and Auld

2015). 2007年には，国際的な森林認証制度を運営するFSC（Forest Stewardship Council）がA社やその関連企業が認証取得を行うことを拒否すると宣言した．これに対抗するかのように，A社は認証基準がFSCよりも「緩い」と環境NGOが指摘する認証制度，PEFC（Programme for the Endorsement of Forest Certification Schemes）の「加工・流通過程管理認証」を子会社のパルプ工場経営会社に取得させた．この動きをインドネシアの環境NGOはグリーン・ウォッシング（環境に配慮しているように装うこと）だと批判した（Eyes on the Forest 2011）．

以上の経緯を踏まえて，国際環境NGOグリーンピースは2010年ごろより，A社製品ボイコットを求める世界的キャンペーンを展開した．その結果，多くの企業がA社との取引を停止するに至った（Dieterich and Auld 2015）．こうした強い市場圧力を受け，A社は2013年2月，天然林伐採の停止，泥炭地保全，社会紛争の回避と解決に向けた責任ある対応など4つの柱からなる「森林保護方針」（Forest Conservation Policy: FCP）を公約した．

自主行動方針を打ち出す過程で，A社は同方針の遵守状況を第三者が監視・評価する仕組みを作った．継続的な監視・評価を担うのは企業の「責任ある」生産・流通を支援するザ・フォレスト・トラスト（The Forest Trust: TFT）である．また，A社は苦情処理制度も設けた．これは，A社やA社傘下のサプライヤーが同方針で定めたルールを守っていない事実を確認した者は誰でもそれ（苦情）をA社に報告でき，寄せられた苦情が事実に即したものであるかどうか，第三者を交えた検証チームが検証する制度である．さらにA社は，「国際的に受け入れられている認証の原則と基準の順守」を同方針のなかで約束した．

このように，森林保護方針策定後，原料生産・製品製造企業，政府組織，地域住民，NGO，消費国市民といったアクターに加えて，方針遵守状況を監視・評価したり，苦情の検証を行ったり，認証制度を運営したりする多様なアクターたちによる協働の動きが生まれた．環境や人権を守るための紙の自主規制ガバナンスが動き出したのである．

4.4 土地紛争と植林事業がもたらす被害
4.4.1 進まない土地紛争解決
以上述べた経緯を経て，A社の自主行動方針を軸とした紙の自主規制ガバナン

スが 2013 年より動き出した．その約 2 年後に，アメリカの環境 NGO，レインフォレスト・アライアンスが A 社による方針遵守状況の評価を行っている．それによると，天然林伐採の禁止や新規の泥炭地開発の停止といった点では前進が見られたが，土地紛争については A 社のサプライヤーのすべての事業地で紛争が続いており，しかもそれらの多くが長引いているもので，係争地は大面積に及んでいる（The Rainforest Alliance 2015）．公表されていないため正確な数は不明だが，A 社が抱えている土地紛争は数百に上ると見られる（Environmental Paper Network 2019）．

A 社のサステナビリティ報告書では，2021 年時点で，紛争の 61％が「解決した」と述べられている（APP 2021）．ここで「解決した」というのは，紛争当事者となんらかの合意が結ばれた状態を意味している．A 社は紛争解決プロセスを「紛争マッピングおよびアクションプランの作成」，「交渉および初期の合意の達成」，「合意書への署名（MoU の締結）」，そして「合意事項の実施」の 4 段階に区分している．そして，3 段階目の「合意書への署名」を以て，「合意事項の実施」がなされているか否かにかかわらず，紛争が「解決」された状態だと表現している（APP 2018）．このように紛争解決の意味を広く取っても，A 社が抱える紛争の約 4 割は，森林保護方針の発表から約 10 年が経とうとしている今も未解決の状態にある．

そうした土地紛争が起きている場所の一つが，筆者が断続的に訪問してきたジャンビ州 L 村 B 集落である．ここに A 社のサプライヤー（植林企業）である W 社が進出してきたのは 2006 年のことである．W 社は村長らから許可を取り，村の慣習地を貫く道路を建設した後，その両側をアカシアの植林地に変えていった．そこは，L 村の一部の人たちが焼畑耕作，ゴム・アブラヤシ栽培，そして林産物採取を行ってきた土地であった．その土地を利用してきた人たちは，大規模な植林事業のことは知らされておらず，道路建設を行うとだけ聞かされていた．土地を失った人たちは，「植えられたアカシアの苗を夜に引き抜き，バナナやキャッサバを植える」という抵抗を続けたが，取り戻せた土地はわずかだった．その後，さまざまな紆余曲折を経て，土地を奪われた住民たちは「不法占拠」を選択する．先述の通り，A 社は「責任ある土地紛争解決」や「人権尊重」を謳った自主行動方針を 2013 年 2 月に打ち出した．事業地を占拠しても強制的に追い出されることはないだろうとの NGO からの助言を受け，植林事業によって土地

第 4 章　環境・人権ガバナンスの逆機能としての「被害の不可視化」　79

図 4.4.1　土地の返還を求めてデモをする B 集落住民
（ジャンビ市にて 2018 年 9 月に筆者撮影）

を失った人びとが，アカシアが収穫されたばかりの土地に入植し，新たに集落（B集落）を作ったのである．

　B 集落住民が求めているのは，自分たちが権利を主張する土地すべてを自分たちの土地として正式に認めてもらい，安心して暮らせるようになることである（図2）．2018 年 6 月，B 集落住民と W 社との間で会合が開かれた．そこでは，双方の代表からなる検証チームを作り，どこに住民の畑があるか，また，どこに企業が植えたアカシアの林があるかを確認し，土地の帰属を確認していく協議を行うことがいったんは決められた．しかし，W 社がたびたび延期を要求したため，なかなかそれは実行に移されないまま時が過ぎた．

　そして，2022 年に再び協議が始まった．そこなかで，住民たちは W 社に対して，係争中の土地を事業地から除外することを政府に提案するよう要求した．法規上，事業許可を得た企業はそれを行うことができるからだ．しかし，W 社は，住民たちが権利を主張する土地のうち，作物が収穫期に至っていない農地（アブラヤシやゴムを住民が植えてまだ 5 年が経っていない土地）については，直ちにアカシアなどパルプ原木の植林地に戻して分収造林—— パルプ原木の売却によって得た収益を企業と住民との間で分けあう造林方法—— を行うことを，また，すでに収穫が可能な農地についても，一定期間—— 作物の植え替えが必要な期間で，アブラヤシの場合は 25 年とされる—— を経た後に，同じく植林地に戻して分収

造林を行うことを提案した．これは事実上，住民たちにその土地で農業を行うことを禁じるものであり，当然ながら B 集落住民たちはこれに反対した（2023 年 2 月 9 日に開かれた B 集落住民と W 社の会合の議事録，2023 年 3 月 4～5 日に実施した B 集落住民代表の一人，M 氏への聞き取り，および，2023 年 3 月 7 日に実施したインドネシア環境フォーラム・ジャンビ（WALHI Jambi）代表，A 氏への聞き取りによる）．双方が望む「土地紛争解決」の中身には大きな差があり，現在（2023 年 3 月時点）も土地紛争は解決していない．

4.4.2　被害の諸相

　植林事業と長引く土地紛争は住民にさまざまな被害をもたらしてきた（以下，笹岡 2021）．まず，これまで利用してきた土地が植林地とされ，主要な生計手段が失われた．また，大規模植林事業によって生活環境が悪化した．例えば，河川の汚染によって漁労が難しくなったり，川の水を生活用水として使うことができなくなったりした．さらに，植林企業の進出によって自らが望む暮らしのあり方を主体的に選び取る可能性が不本意な形で奪われた．まず，大部分の森が植林地に変えられたため，籐やダマール（フタバガキ科の樹木の樹脂）などの林産物の採取がほぼ不可能になった．また，コメの自給システムを維持することが困難になった．住民は事業地の一部の土地を事実上占有することに成功したものの「林産物採取が可能な森とともにある暮らし」や「焼畑で米を自給できる暮らし」を維持するという選択肢を失ったのである．

　こうした被害に加えて，土地紛争の長期化が精神的被害をもたらしている．先述の通り，B 集落住民の土地に対する権利はまだ正式には認められていない．話を聞いた住民の多くが，耕作地がいつまた取り上げられるかわからないことや土地権を求める運動をいつまで続けなければならないのかわからないことへの不安を訴えていた．

　ここで紹介したのは一集落の事例だが，A 社が抱える土地紛争だけでも数百の紛争があると見られており，そのうち A 社が「解決した」とみなしているのがそのうちの約 6 割にとどまっている．このことを踏まえると，同様の被害が他の多くの地域で生じている可能性がある．

4.5 被害の不可視化のメカニズム

　しかしそうした被害の実相はインドネシア産の安価な紙を利用できる日本の暮らす私たちの目にはなかなか入ってこない．被害はなぜどのようにして不可視化されてしまうのだろうか．結論を先取りすると，被害を見えなくさせている要因には，冒頭で述べた加害— 被害関係の重層化（飯島 2000, p.7）や加害— 被害の国境を越えた分離（平岡 2003, p.144）に加えて，自主規制ガバナンスの制度化・主流化が促した次の二つの動きが深く関係している．以下，順にみていこう．

4.5.1 「情報の選択的開示」を伴う企業の広報活動の活発化

　一つめは「情報の選択的開示」を伴う企業の広報活動の活発化である．

　先述の通り，自主規制ガバナンスが目指す目標は市場メカニズムを通して達成される．それゆえ，ガバナンスにかかわるアクターの振る舞いやその影響についてどのような情報が社会の中に浸透していくかが，アクターの利害に強く影響する．そのことが誘因になって，企業は市場における高い評価（製品の購入者や投資家から良い評価）を得るために，自らのビジネスが環境や人権の面で問題がないこと，すなわち，企業の社会的責任（CSR）を十分に果たしていることを示す広報 —— ここではそれを CSR 広報と呼ぶことにする —— をこれまで以上に積極的・戦略的に展開するようになった．

　事実，A 社は森林保護方針公表後，それに基づく取り組みを，サステナビリティ報告書（CSR 報告書）をはじめとする各種報告書，記事広告，自社のウェブサイトやソーシャルメディアでのニュース記事などを通じて宣伝してきた．

　筆者はそれらの広報活動のなかから，サステナビリティ報告書と苦情検証報告書を取り上げ，情報の選択的開示がどのように行われているかを検討したことがある（笹岡 2021）．ここで「情報の選択的開示」とは，企業が自らのビジネスへの正当性を獲得するために都合のよい情報を開示する一方，都合の悪い情報は開示しないことを指す（Marquis *et al.* 2016）．そこで指摘したのは次の点である．

　まず，サステナビリティ報告書については，持続的森林管理や泥炭地管理に関する記述と比べて土地紛争解決に関する記述が少ないこと，あってもその大半はその手順や計画についての簡潔な説明が占めること，土地紛争の何パーセントが「解決」したかについては述べられているが，住民との合意の中身や合意に至

るプロセスの説明がないこと，「解決」に至った村の名前のほとんどが公開されていないため，合意の中身や合意に至るプロセスが関係者に正当なものと認知されているのか否かを調べることが困難であること，植林事業そのものが地域住民に与える被害についての記述はほぼ皆無であることを指摘した．また，苦情検証報告書（A 社ウェブサイトで公開）については，その検証報告に対して，A 社のサプライヤーと土地をめぐって争っている地域住民から批判が寄せられていること，しかし，そのことは A 社ウェブサイトを見てもわからないことなどを指摘した（詳細は笹岡 2021 を参照）．つまり，A 社のサステナビリティ報告書や苦情検証報告書を見ても，土地紛争を生きている人びとが直面している問題（被害）について知ることは難しいのである．

4.5.2 企業イメージの向上に寄与するアクターの影響力の増大

二つめは，一つめの点と連動する動きだが，企業イメージの向上に寄与するアクターの影響力の増大である．

そうしたアクターの筆頭格は，企業をクライエントとする CSR 評価企業である．近年，企業の社会的責任（CSR）の達成度を格付けする CSR 評価企業（CSR rating agencies）が多数生まれてきている（Avetisyan and Ferrary 2013）．そうした CSR 評価企業の一つに，有償の評価サービスを提供しているフランスのエコバディス（EcoVadis）社（以下，E 社）がある．同社は，これまでになんどか A 社の持続可能性評価で高い評価を与えてきた．2022 年にも，E 社は環境・社会・ガバナンス（ESG）の業績において，A 社に「アドバンスド」の評価を与えた（100点満点方式で 65〜84 点を獲得した企業に「アドバンスド」の評価が与えられる）．A 社は「業界トップレベルの評価」を獲得したとして，自社のウェブサイトやメディアへのプレスリリースを通じてそのことを宣伝した．

E 社は CSR 評価を行うための基準として，「環境」「労働と人権」「倫理」「持続可能な資材調達」の 4 つのテーマに分かれる 21 の「サステナビリティ基準」を設けている．クライアント（評価を希望する企業）はこれらの基準に関する一連の質問（オンライン質問票）に回答し，回答の裏付けとなる「証明書類」（サステナビリティ報告書，自主行動方針，認証，研修教材など）を提出する．E 社の専門家はそうした証拠書類の分析を行うとともに，「外部の利害関係者」（NGO，労働

組合，国際機関など）が発信する情報を分析する（後者をE社は「360°ウォッチ」と呼んでいる）．それらをもとに，先述の「環境」などのテーマごとに，E社が「管理指標」（management indicator）と呼ぶ7つの項目——「方針」「サステナビリティ・イニシアチブの指示」「措置および対策」「認証，ラベルまたは監査」「実施範囲」「報告または重要業績評価指標（KPI）」「360°ウォッチまたは受賞」からなる——ごとに点数をつけ，それに国や事業規模に応じた重みづけをしたうえで，各テーマの得点を出し，総合評価（それらの加重平均）を出す．こうして行われた評価結果は，評価対象企業およびバイヤー組織に公開される（EcoVadis 2020）．

E社はこのように評価方法の一般的な内容については説明をしているが，個々のケースでどのような資料が用いられ，それぞれの指標でどの程度の得点を得たのかを一般公開していない．したがって具体的な検討はできないが，評価方法について以下の3つの懸念点を指摘できる．

第一に，企業が提出した証明書類の分析に重きを置いているがゆえに，認証機関やNGOのレポートの分析結果が評価に限られた影響しか与えていない可能性がある．というのも，先述の7項目のうち，企業の取り組みの実際の効果について，認証機関やその他の利害関係者が発信する情報を基に得点がつけられるのは「認証，ラベルまたは監査」および「360°ウォッチまたは受賞」の2項目であり，残り5項目では主にサステナビリティ報告書，自主行動方針，研修教材といった企業が作成した書類の分析をもとに得点がつけられていると思われるからだ．CSR広報で情報の選択的開示が行われている可能性を踏まえると，つまり，企業が作成する資料には，企業にとって「良くないこと」が書かれていない場合が多い点を踏まえると，このような方法ではCSR達成度を過大評価してしまうことが懸念される．

第二に，植林事業による地域の生活環境の悪化や土地紛争の問題が見落とされてしまう恐れがある．英語で広く世界に向けて情報発信している国際環境NGOは生物多様性保全や泥炭地管理など地球環境保全に関する問題に強い関心を示す一方，地域の生活者の暮らしや紛争の問題をあまり積極的に取り上げてこなかった．例えば，WWFはA社に関する記事をアーカイブ化してウェブサイトで公開しているが，A社が森林保護方針を打ち出した2013年2月以降2022年11月までに公開されたA社に関する記事25本のうち土地紛争を主題とする記事は2本

だけで，残りは生物多様性保全，泥炭地管理，森林火災，気候変動を主題とする記事であった（WWF ウェブサイト https://wwf.panda.org/discover/our_focus/forests_practice/forest_publications_news_and_reports/forests2/asian_pulp_and_paper/，2022 年11 月 12 日最終閲覧）．その一方，生活環境悪化や土地紛争の問題を取り上げてきたのは，ローカル NGO やローカルメディアである．彼らはインドネシア語で情報を発信してきたため先述の「360°ウォッチ」（NGO など外部の利害関係者が発信する情報の分析）では検討の対象から漏れ落ちている可能性がある．

　第三に，先述の通り，個々の評価の中身（どのような資料を用い，それぞれの項目にいくらの得点をつけたか）が公開されていないため，評価の方法や結果に対して外部の利害関係者が異議申し立てすることができず，これが過大評価に道を開いている可能性がある．

　CSR 評価によって高い評価を得た企業は，自社のウェブサイトやプレスリリースを通じて，そのことを世間に拡散していく．そのことにより，「環境や地域社会にやさしい」企業イメージが増幅されていく．それに寄与する CSR 評価には以上述べたような危うさがある．その懸念を払拭するためには個々の評価事例の透明性を高める必要があるが，現在までのところそれはなされていない．

　以上，企業をクライアントとする CSR 評価企業について述べてきた．紙幅の制約上ここでは詳述しないが，その他にも，A 社の資金提供で作られた"企業製"の非営利組織（NPO）や A 社とパートナーシップを結んでいる大学なども，同社のイメージ向上に寄与してきた（詳細は笹岡 2021，藤原 2021 を参照）．

4.5.3　逆機能としての被害の不可視化

　筆者は A 社の CSR 広報や CSR 評価を全否定したいわけではない．また，A 社が作った NPO や A 社とパートナーシップを結んでいる大学の活動にまったく意味がないなどと言いたいのでもない．A 社が自社のビジネスがもたらす環境や人権への悪影響を回避するために努力を払ってきたことは確かであり，一定の成果を上げてきたことも確かである．そのことを肯定的に評価しつつも，ここで指摘したいのは次の点である．

　企業の社会的責任がこれまで以上に強く問われる時代になり，自主規制的な環境・人権ガバナンスの制度化・主流化が進んだ．そうしたなかで，企業は環境・

社会・ガバナンス面における業績についての情報を今まで以上に積極的、戦略的に発信する必要性に迫られるようになった。そうしたなかで「情報の選択的開示」を伴う広報活動が活発化していった。また、それに呼応する形で、CSR評価組織、企業制NPO、大学といったアクターが企業イメージ向上に寄与するはたらきを担うようになってきた。その結果、本章で例証したように、ローカルな現場で起きている地域の生活環境の悪化や土地紛争がもたらす被害が埋もれ、私たちにとってまずます見えにくいものになってきている。

　社会学では、ある事柄がそれを要素に含むシステムの目標達成を阻害する場合、そのはたらきを逆機能（dysfunction）と呼ぶ。逆機能については、社会学者R. K. マートンの「官僚制の逆機能」論が有名である。近代社会の基本的な組織編成原理である官僚制は、問題を効率的に処理するための合理的な仕組みとして取り入れられたが、しばしば規則の絶対視やセクショナリズムが起こり、全体を見渡した適切で柔軟な対応ができなくなった。これが官僚制の逆機能である（山田 2023）。

　本章で光を当ててきた被害の不可視化は、自主規制的な環境・人権ガバナンスの逆機能と表現できるものだ。自主規制ガバナンスの目指すところは、ビジネスが生み出す環境破壊や人権侵害を防ぐことにある。しかし当該ガバナンスが制度化され、主流化していくなか、上で見てきたように、ローカルな現場で生活者が経験している被害は不可視化される傾向にある。それは、当該ガバナンスが理念として掲げていた目標の達成を部分的に阻害するものである。

　では、こうした「逆機能としての被害の不可視化」の問題に私たちはどう取り組んでいけばよいのだろうか。

4.6　オルタナティブとしての生産・消費をめぐる社会関係のローカル化

　今日、自主規制ガバナンスは紙製品のみならず、いわゆるグローバル・サウスで原料生産が行われている、バナナ、パーム油、綿、ゴムといった農林水産物から金やダイヤモンドといった鉱物資源に至るまで、多くのグローバル商品で主流化してきている。本章で描いたような被害の不可視化はそれと同じ構造的背景によって、多くのグローバル商品でも生じている可能性がある。

そうした事態を前に，今後私たちが取り組むべき課題は何か．筆者は別稿で次の3点を挙げた．すなわち，(1) 情報発信力という点で相対的に弱い立場にある，現場に生きる人びとの語りから浮かび上がる問題を掘り起こすこと，(2) ガバナンスに関与するアクターの放つ言説によってどのように被害が不可視化されているのか，その実態とメカニズムを明らかにすること，そして (3) 現在の自主規制ガバナンスのオルタナティブを提示することである（笹岡 2021 参照）．ここでは最後の点に絞って今後の若干の展望について述べたい．

自主規制ガバナンスへのオルタナティブについて考える際に批判的検討が必要なのは「責任の個人化論」である．グローバル商品の生産・消費が引き起こす問題をめぐっては，消費者個人が賢明な消費行動をとることで持続可能な社会を築こうとするグリーン・コンシューマリズム論（Akenji 2014）がそうであるように，解決責任を消費者個人にゆだねる議論がある．筆者はこうした議論を「責任の個人化論」と呼んでいる（笹岡 2021, p.127）．

責任の個人化論は社会のなかで構造的に生み出されている問題を，社会の仕組み（それを引き起こしている構造）を変えてゆくことによって解決しようとするのではなく，諸個人が消費者として賢明な選択をすることで解決しようとする（Maniates 2001）．こうした議論は確かに一面では重要ではある．しかし，この方向での努力だけでは問題は解決しないだろう．なぜなら，自主規制ガバナンスでは，それを支えるさまざまな制度が存在し，それを担う多様なアクターが関与している．そして，そうした多様なアクターが自らの利害に基づいてさまざまな言説を世間に向けて放っている．そこでは本章で描いたように，強い情報発信力を持つアクター（グローバル商品の生産企業や CSR 評価企業）がガバナンスをめぐる「現実」をゆがんだ形で作り上げる事態が生じている．そうしたなか，個人が個人の責任のもとでさまざまな情報を集め，何が環境や社会に対して問題のないものかをあらゆるグローバル商品について吟味することにはおのずと限界がある．

したがって，責任の個人化論とは別のオルタナティブな議論を展開していく必要がある．その一つとして考えられるのは，グローバル商品の生産・消費のあり方を根本から考え直すような議論である．つまり，グローバルなサプライチェーンを通じて安いモノを，私たちの目の届きにくい場所から大量に調達することを「当たり前」の前提としたうえで，それが引き起こす問題の解決のために自主

規制ガバナンスに期待を寄せるという考え方そのものを問い直すような議論である．

　そうした問い直しから導き出される一つのオルタナティブは，商品の生産・消費をめぐる社会関係を比較的狭い地理的範囲のなかに収め，顔の見えやすいものに再構築していく取り組みである．モノの生産・消費をめぐる社会関係のローカル化といってもよい．顔の見えやすい関係を構築できれば，ローカルな現場で生じるさまざまな問題の可視性を高めていくことができる．可視性が高まればその問題に手を打つ動きが生まれる可能性も高まる．

　食や農の分野では，そうした取り組みが早くから始まっている．今日，食の生産から消費，さらに廃棄や循環までを含めたフードシステムのつながりが長くなり，その見えない部分が資本によって支配されることで生産地の環境，生産者の暮らし，そして食の安全性が脅かされてきた．そうした問題への懸念や反発から産消提携，有機農業，地産地消，地域支援型農業などの取り組みが行われてきた．これらの実践は「オルタナティブ・フードネットワーク（Alternative Food Networks: AFNs）」と呼ばれ，研究も進んでいる（山本 2021，渡邊・真田 2023）．

　しかし，紙については目立った動きはない．おそらく，生産に大きな工場を必要とする紙は「小さく作って，小さく流通させる」ことになじまないからだろう．だが，たとえ狭い地理的範囲のなかでの地産地消が難しいとしても，紙の生産・消費をめぐる社会関係を一つの国のなかに収めていくような取り組み（国産パルプを用いた紙の生産・消費を推進する取り組み）を進めていくことはできそうだし，実際，それに取り組んでいる企業も存在する．例えば，中越パルプ工業株式会社は，日本国内の多くの地域が抱える放置竹林問題の解決のため，2009 年から国産竹パルプ 100% の紙を製造・販売している（中越パルプ工業ウェブサイト https://www.chuetsu-pulp.co.jp/sustain/eco/about.html，2024 年 8 月 5 日最終閲覧）．こうした取り組みは，地域環境保全や地域経済振興への貢献だけでなく，紙の原料生産のためのプランテーション経営が生み出す加害に加担するリスクの回避という観点からも評価できるものである．

　以上，環境・人権ガバナンスの制度化・主流化が進んだ後の世界において，ガバナンスの逆機能として起きている被害の不可視化とそれへの対抗策について論じてきた．この章では紙に焦点を当てたが，SDGs が謳う「誰ひとり取り残さな

い（leave no one behind）」原則を現実のものとするためには，さまざまなグローバル商品について，どのような自主規制的ガバナンスが動き，どんな被害がどのように不可視化されているのかについての知見を集める必要がある．そのうえで，環境破壊や人権侵害のリスクの高いグローバル商品については，生産・消費の社会関係がローカル化された「顔の見えるモノ」への代替がどう可能なのか，そうしたモノを作り使う実践をどう広げてゆくことができるのかを問うことが大事になってくる．そして，食や暮らしの安心・安全，地域の環境保全，地域振興への貢献といったこれまで議論されてきた観点からだけではなく，「自主規制ガバナンスのオルタナティブとしての価値」といった観点から，そうした実践に新たな意味づけを行い，足元からより包摂的で公正な社会の未来像を描くことが求められる．

参考文献

飯島伸子（2000）地球環境問題時代における公害・環境問題と環境社会学——加害— 被害構造の視点から．環境社会学研究，6, 5-22.

笹岡正俊（2021）自主規制ガバナンスの進展と被害の不可視化——インドネシアの製紙メーカー A 社の「森林保護方針」に基づくガバナンスを事例に．環境社会学研究，27, 117-134.

佐藤圭一（2017）日本の気候変動対策におけるプライベート・ガバナンス——経団連「自主行動計画」の作動メカニズム．環境社会学研究，23, 83-98.

鈴木遥（2016）インドネシアにおける紙パルプ企業による森林保全の取り組み——実施過程における企業と NGO の関係．林業経済研究，62(1), 52-62.

平岡義和（2003）途上国への公害移転——企業担当者の意識からみえてくるもの．桜井厚・好井裕明編『シリーズ環境社会学 6　差別と環境問題の社会学』新曜社，142-160.

藤原敬大・サンアフリ＝アワン・佐藤宣子（2015）インドネシアの国有林地におけるランドグラブの現状——木材林産物利用事業許可の分析．林業経済研究，61(1), 63-74.

藤原敬大（2021）持続可能な森林経営をめぐるポリティクス——複雑化する現代社会で「人と人の信頼」は再構築できるか．笹岡正俊・藤原敬大編『誰のための熱帯林保全か——現場から考えるこれからの「熱帯林ガバナンス」』新泉社，58-91.

渡邊春菜・真田純子（2023）環境・地域社会の持続可能性の観点からみた日本国内の AFNs の把握．ランドスケープ研究，16, 27-36.

山田高敬（2021）国際レジーム論の系譜——統合から分散へ．西谷真規子・山田高敬編『新時代のグローバル・ガバナンス論——制度・過程・行為主体』ミネルヴァ書房，89-104.

山田真茂留（2023）官僚制と近代組織．友枝敏雄・浜日出夫・山田真茂留編『社会学の力：最重要概念・命題集 改訂版』有斐閣，68-71.

山本奈美（2021）持続可能な食の社会的埋め込み—「考える素材」から考察する提携の食行動の埋め込みとその変遷．環境社会学研究, 27, 225-241.

Akenji, L.（2014）Consumer scapegoatism and limits to green consumerism. *Journal of Cleaner Production,* 63, 13-23.

Auld, G., C. Balboa, S. Bernstein and B. Cashore（2009）The Emergence of Non-State Market-Driven（NSMD）Global Environmental Governance: A Cross-Sectoral Assessment. M. Delmas and O. Young eds., *Governance for the Environment: New Perspectives*, Cambridge: Cambridge University Press, 183-218.

Asia Pulp and Paper（APP）（2018）Forest Conservation Policy: 5th Anniversary Update. Asia Pulp and Paper.

Asia Pulp and Paper（APP）（2021）2021 Sustainability Report Growing Our Tomorrow for a better us, for a better future. https://asiapulppaper.com/our-sustainability-report-2021（2022年10月5日最終閲覧）

Avetisyan, E. and Ferrary, M.（2013）Dynamics of Stakeholders' Implications in the Institutionalization of the CSR Field in France and in the United States. *Journal of Business Ethics* 115, 115-133.

Dieterich, U. and Auld, G.（2015）Moving beyond commitments: creating durable change through the implementation of Asia Pulp and Paper's forest conservation policy. *Journal of Cleaner Production,* 107, 54-63.

EcoVadis（2020）EcoVadis Ratings: Methodology Overview and Principles. https://resources. ecovadis.com/ecovadis-solution-materials/ecovadis-csr-methodology-principles-overview（2022年11月20日最終閲覧）

Environmental Paper Network（2019）Conflict Plantations. https://environmentalpaper.org/wp-content/uploads/2020/03/APP-social-conflicts-mapping.pdf (2021年6月6日最終閲覧)

Eyes on the Forest（2011）The truth behind APP's greenwash, Eyes on the Forest. https://www. wwf.or.jp/activities/upfiles/%5BREPORT%5DEoF_TheTruthBehindAPPsGreenwash_201111. pdf（2018年10月5日最終閲覧）

Maniates, M. F.（2001）Individualization: Plant a tree, buy a bike, save the world?. *Global Environmental Politics,* 1 (3), 31-52.

Marquis, C., Toffel, M. W. and Zhou, Y.（2016）Scrutiny, norms, and selective disclosure: A global study of greenwashing. *Organization Science,* 27 (2), 483-504.

Perez, O.（2011）Private Environmental Governance as Ensemble Regulation: A Critical Exploration of Sustainability Indexes and the New Ensemble Politics. *Theoretical Inquiries in Law,* 12 (2) , 543-79.

The Rainforest Alliance（2015）An Evaluation of Asia Pulp & Paper's Progress to Meet its Forest Conservation Policy（2013）and Additional Public Statements: 18 month Progress Evaluation Report. https://www.rainforest-alliance.org/business/wp-content/uploads/2018/07/150205-Rainforest-Alliance-APP-Evaluation-Report-en.pdf（2020年1月15日最終閲覧）

第5章　地球環境学 × *国際開発学*

緑の革命と社会正義

飯山 みゆき

　人類が農耕を開始して以来，食料イノベーションと社会正義の課題は
それぞれの時代とともに変化してきた．本章は，環境条件・農業技術・
経済発展の視点から 20 世紀最大の農業改革である緑の革命の評価を試
みる．まず，緑の革命は，広域環境適応性を持つ多収性の改良品種の
開発により，グローバルサウスの一部で圧倒的な穀物収量の向上を実
現し，飢饉撲滅のスケールインパクトをもたらすことに成功した．一
方，緑の革命で開発された多投入・高収量の生産体制はモノカルチャー
への改変を伴う均一な経営・栽培環境のもとで比較優位を発揮し，同
時に環境汚染を内部化しないことで，割安な食料が世界食料市場を席
巻していくことになった．対照的に，緑の革命型技術の導入が極めて
不利な環境条件にあるアフリカ等の地域は農業発展の機会を逸したま
まとなり，気候変動適応能力を著しく欠く状況に置かれている．地球
沸騰化時代に社会正義を実現するにあたり，生産現場の多様性に最大
限向き合う食料イノベーションが早急に必要とされている．

5.1　イントロダクション

　緑の革命は，人間活動による地球環境への影響が加速したグレート・アクセラ
レーションの契機となり，グローバル化の社会変容における均質な価値観の急激
な浸透とその結果としての格差拡大をもたらした元凶の一つと評されることもあ
る．一方，「農業は人類の歴史の最大の過ち」（Diamond 1987）という言葉に表さ
れるように，20 世紀の緑の革命に限らず，人類はどんな時代も食料増産の必要
性から栽培家畜化や栽培・飼育技術といったイノベーションを必要としてきた．

そして食料増産の達成は負の社会的インパクトも必然的に伴い，食料（富）の貯蔵により社会の中に支配と非支配の関係が持ち込まれることで，平等主義を中心とする狩猟採集時代には起こりえなかった社会格差をもたらす．そうした社会的変化が今度は様々な職業を持った社会層の台頭と分業の展開，市場の発展，そして経済成長と技術進歩を加速し，より複雑な社会を支配する国家の誕生に結び付いてきた．本稿は，こうした歴史の必然的な流れを念頭に，緑の革命の評価を試みる．その上で，21世紀の食料システムが直面する問題解決に求められる技術的イノベーションのあり方を提案する．

5.2 環境条件・農業技術・経済発展

まず，Jared Dimond氏の議論を引き合いに出しながら，緑の革命以前にグローバルノース・グローバルサウスを分ける契機となった環境条件・農業技術・経済発展の前提を理解し，20世紀における緑の革命の意義を相対化するための分析枠組みを提示する．

Diamond（2017）によると，農業が発展するかどうかは，歴史的に早い段階で栽培化された作物や家畜の展開に比較優位があったかどうか，の環境条件が大きく左右した．作物や家畜は気候や季節サイクルに依存，すなわち温度や日長光周性に大きく依存している．気温や降雨は直感的にわかりやすいが，同様に日の出・日の入りのリズムも生物にとって極めて重要である．このことから，同じ緯度であれば作物や家畜は比較的適応されやすいと言われている．ユーラシアの広大な土地と東西方向への拡がりは，気候や季節のサイクルが似ており，家畜化に適した植物や動物の種類が増える条件を持っていた．一方，アメリカやアフリカでは南北で極端に気候が変わり分断されており，ある緯度で飼育されていた作物を他の緯度で適応させることは困難であった．

ここで，Diamond氏の『銃・病原菌・鉄』（2017）の要点を整理したい．同書は，技術展開・国家システムに有利な条件として，安定した農耕社会発展に有利な地理的，気候的，環境的特徴，を挙げている．こうした地理的要因に恵まれていたユーラシアが，強力で組織化された国家を発展させ，ほかの地域の人々を征服・支配したというのがDiamond氏の主張であった．

ここからは，グローバルノースとグローバルサウスの農業技術・国家発展の差

異を説明する上で，農学研究者が農業生産性を規定する要因として用いる，遺伝資源（G）×生産環境（E）×栽培管理（M），の概念で説明していきたい．まず，野生の作物や動物を栽培化・家畜化したものが一定の気候や日長光周性の同緯度地域で広まっていき，そうした地域では農業余剰を受け市場経済そして行政システムも発展していった．こうした環境条件を持っていたのがグローバルノースで，軍事力でグローバルサウスを圧倒したのが帝国主義・植民地化であったと捉えておきたい．

　言い換えれば，植民地・帝国主義時代から，環境条件ゆえにグローバルノースとグローバルサウスの差異があったことを意味する．対して，20世紀の食料イノベーションとその社会的インパクトは，グローバルサウス内で不均一な展開を示した．この理由を，主に環境条件の違いから解説する前に，緑の革命をもたらした食料イノベーションの技術的意義と生産面のインパクトについて押さえておきたい．

5.3　緑の革命と多投入・高収量生産システムの確立

5.3.1　近代的農業の基礎 —— 化学肥料の発明

　まず近代的農業の基礎である化学肥料の発明について押さえておく．農業社会においては，人口・社会を支える食料生産を行う上で，土壌の健全性・地力の維持が最大の課題であった．作物は成長の過程で土壌の栄養を必要とし，持ち出した栄養分の補充がなされなければ，やがて土壌養分が不足し，収量が低下する．土壌の養分を補うために，古くから野草や人間や家畜の排泄物，マメ科植物の緑肥などが使われてきた（Hignett 1985）．しかし19世紀，産業革命後の社会では，人口増加に対する土壌への有機物補充が追い付かず，食料供給が不安定になっていた．これに対し，1840年，リービヒが植物は無機物で生育することを明らかにすることで化学肥料使用の基礎を作り，近代的な化学肥料生産は19世紀の中ごろから20世紀にかけて急速に発展していく（Hignett 1985）．化学肥料は，作物の成長への効果が早く，農業生産，そして人間社会と地球システムに大きな影響を与えていくことになる（Williams 2010; Capdevila-Cortada 2019）．

　植物の育成に必要な窒素は大気の8割を占める窒素ガスの形で自然界に大量に存在している．しかし窒素ガスの分子はきわめて安定で植物はそれを直接吸収す

ることはできない．窒素分子を分解してアンモニアや窒素酸化物など植物が利用できる形態に変換する「窒素固定」機能は自然界ではマメ科の植物の根に共生している細菌の作用が知られている程度であった．もう一つ，大気中での大規模な放電現象である雷は，通常の環境ではほぼ起こることのない窒素分子の活性化によって窒素酸化物を生成する．雷が「稲妻」と呼ばれる理由は「雷があると稲の実りが良くなるから」だという．このように窒素固定は雷級の強烈なエネルギーを要するが，それを人工的に可能にしたのが 20 世紀初頭に開発されたハーバー・ボッシュ法であった（Kandemir *et al.* 2013; Capdevila-Cortada 2019; Smith *et al.* 2020）．同法は，鉄を触媒として水素と窒素を 400 ～ 600℃の超臨界状態で直接反応させ，アンモニアを生産する．この方法は化学肥料の大量生産を可能にし，「空気からパンを作る」，と称された．20 世紀以降の食料生産には，化石燃料から製造された肥料が不可欠になっていく（Schulte-Uebbing *et al.* 2022）．

5.3.2　主食作物高収量品種の開発と広域適用

　このような背景がありつつも，20 世紀半ばはまだ途上国では飢饉が蔓延していた（Khush 2001）．時は冷戦時代，資本主義陣営の国際農業研究においては，飢饉撲滅のための主食作物の増産実現が重要なアジェンダであった（Gollin *et al.* 2018）．国際農業研究機関が舞台となり，育種・栽培・土壌学などの異分野連携チームによる研究が展開され，主食作物の品種改良に資源が集中投入され，当時の最高技術であった化学肥料や灌漑によく反応する品種が選ばれていく（Fuglie and Echeverria 2024）．さらに広範囲な地域に適用可能な遺伝子資源選抜と，均一的な栽培管理法の開発が優先された（Ceccarelli 1989）．このような技術パッケージが途上国地域に展開され，一部の地域で大幅な食料増産を達成した（Pingali 2012）．

　ここで，広範囲適用可能な遺伝資源の選抜・開発，に着目する．小麦さび病の専門家であったノーマン・ボーログ博士は 1944 年にメキシコに赴任，最初，中央高地の村でさび病や貧栄養土壌の研究を開始した（Swaminathan 2009; Stockstad 2009）．博士は二期の作付けが育種を加速できることに気づき，夏の間は中央高地で，冬は北部の低地に種子を運んで行う育種をシャトル育種（Shuttle Breeding）と名付けた．この 2 地点は，約 1,000 km 離れ，緯度で 10 度，海抜で

2,600 m異なったが，この違いに適応できる品種が選抜されていった．当時の農学の常識に反したこのシャトル育種は，日長の制約を受けず，どんな環境にも適応できる品種開発につながり，育種の概念を根本から覆した（Ortiz *et al.* 2007）．1960年代，飢饉に悩むインドやパキスタンはボローグ博士を招聘して支援を打診，苦労の末メキシコから種子を導入した結果，わずか数年間で自給達成を実現する（Swaminathan 2009; Baranski 2015）．この出来事は，大陸を超え広範囲に適用可能な遺伝資源が，飢饉撲滅においてゲームチェンジャーとなることを示した（Khush 2001; Ortiz *et al.* 2007）．

　もう一点，高収量品種の選抜について言及しておく．小麦は化学肥料を投入すると伸長し，結果倒伏し収量が減ってしまう．シャトル育種を行う中で，化学肥料の大量投入に対して耐えうる品種の開発が試みられる．そこには日本のコムギも関わっていた（Baranski 2015）．従来の小麦が150 cmであったのに対し，岩手県農試場で1935年に開発された農林10号は，60～110 cm程度しかなかった（Gollin *et al.* 2018）．この小麦は，目を付けたアメリカ研究者が持ち帰り，最終的に，ボローグ博士の手に渡ることになる（Swaminathan 2009; Lumpkin 2015）．高収量で日長感応性が低く様々な環境に適応しあらゆる病害虫抵抗性を持ったコムギの開発は，先ほど述べたようにメキシコからインド・パキスタンに持ち込まれ，数年間のうちにコムギ生産の倍増を達成した（Swaminathan 2009; Baranski 2015）．「緑の革命」という言葉は，1968年，USAIDの高官ウイリアム・ガード氏が演説で使った言葉と伝えられる．そしてボローグ博士は，歴史上のどの人物よりも多くの命を救った人物として，1970年にノーベル平和賞を受賞した（Swaminathan 2009）．

5.3.3　多投入・高収量生産システムのスケール展開

　緑の革命により，1960年代から2020年代まで，世界全体でトウモロコシにいたっては6倍近く，3大穀物合わせて4.3倍生産量が増加した（表5.3.1）．単位面積あたりの収量の3倍近い向上は，栽培面積をほとんど拡大することなく，したがって森林破壊等を回避しながら生産増を達成した（Gollin *et al.* 2018）．同期間，収量向上を上回る化学肥料依存が強まり，世界全体平均での農地面積あたり窒素肥料施用量は約9倍増えた．穀物が十分生産されることで価格が下がり，安価なカロリー供給が実現され，飢饉の撲滅に成功すると同時に，人が直接食料として

第5章 緑の革命と社会正義　　95

表 5.3.1　1961～2021 年の作物生産・肥料生産利用トレンド

作物生産	生産量 (百万 t)			栽培面積 (百万 ha)			収量 (t/ha)		
	1961	2021	変化 (倍)	1961	2021	変化 (倍)	1961	2021	変化 (倍)
主食穀物									
メイズ	205	1,208	5.9	106	206	1.9	1.9	5.9	3.0
コメ	216	789	3.7	115	166	1.4	1.9	4.7	2.5
コムギ	222	773	3.5	204	220	1.1	1.1	3.5	3.2
総計	643	2,770	4.3	425	592	1.4	1.5	4.7	3.1
油糧作物									
パームオイル	14	416	30.5	4	30	8.2	3.8	14.0	3.7
ダイズ	27	373	13.9	24	130	5.5	1.1	2.9	2.5

肥料生産・利用	生産量 (百万 t)			農業利用量 (百万 t)			面積あたり使用量 (kg/ha)		
	1961	2021	変化 (倍)	1961	2021	変化 (倍)	1961	2021	変化 (倍)
窒素肥料	13	119	9.2	11	109	9.5	7.5	65.5	8.7
リン肥料	11	48	4.3	11	46	4.2	7.5	28.8	3.9
カリウム肥料	9	47	5.0	9	40	4.7	5.7	24.4	4.3

データ：FAOSTAT
https://www.fao.org/faostat/en/#data/QCL
https://www.fao.org/faostat/en/#data/RFN

消費する以外の使途に穀物を使用することも増えていった（Willett *et al.* 2019）.
　緑の革命の成功体験は，他の地域・他の作物にも展開されていく．南米の大豆生産やアジアのオイルパームなど，油糧作物用の農地拡大によって自然の植生はモノカルチャーに変容した地域もある．ただ，穀物に比しても生産性改善も著しく，オイルパームは生産量が 31 倍増えたが，栽培面積増加は 8 倍にとどまり，単位面積あたりの収量は 14 トンと，他の作物に比べても圧倒的な生産性を誇る（表 5.3.1）．油糧作物大量生産をテコに，加工食品産業も展開していくことになる（Swinburn *et al.* 2019）.

5.4　緑の革命の不均一な展開

5.4.1　均一的な多投入・高収量生産システム適用条件の地域差

　以上のような大量生産・大量消費体制は，広域に適用可能なごく少数の主要作物の遺伝資源の品種改良によって成立した（Ortiz *et al.* 2007）.作物生産の重量ベー

スで，メイズ・コメ・コムギの3大穀物のシェアは1960年代の25%から2020年代に29%，2大油糧作物のシェアは2%から8%，5大作物にサトウキビを加えた6作物種のシェアは45%か57%に拡大した（FAOSTAT）．2020年代時点において，9種の作物（サトウキビ，メイズ，コメ，小麦，イモ，パームオイル，ダイズ，キャッサバ，テンサイ）が重量ベースでの作物生産の67%を占めると推計されている（Pilling *et al.* 2020, FAOSTAT）．世界の多くの作物遺伝資源のうち，人類により食として栽培されてきたのは約6,000種と言われている（Pilling *et al.* 2020）が，大量生産・消費体制が展開していく一方で，世界貿易によって各国で消費される食も似通っていった結果（Khoury *et al.* 2014），農業多様性の喪失が進み（Dempewolf *et al.* 2023），地域固有の食・遺伝資源が失われる傾向にある（Gollin 2020; McCouch and Rieseberg 2023）．

　以下見ていくように，実際，緑の革命的な生産システムの実現は，広域に展開可能な遺伝資源の導入に見合った環境・経営条件が組み合わさって初めて可能であった（図5.4.1）（Gollin *et al.* 2018）．一方，比較的均一な経営環境条件を要する少数の遺伝資源の適応が必ずしもうまくいかない生産環境制約条件を持つ地域は，農業生産性向上のトレンドから取り残されることになった．

　まず適用地域例として，世界有数のダイズ・トウモロコシの産地に転換されていったブラジル・セラードの例を挙げる．この地はかつて不毛の地といわれていたが，比較的平坦な地形が機械化に適しているとされ，数千ha規模経営を可能

⇔各地の農業気候土壌学的・社会経済的条件
⇔遺伝資源（G）x 生産環境（E）x 栽培管理（M）　⇔　規模の経済適用条件

適用可	適用可	適用不可
北南米	アジア	アフリカ
大規模経営・均一的条件	小規模経営・均一的条件	小規模経営・不均一的条件
[G]先進国主要作物育種成果移転の汎用性 [E]灌漑 x 土壌改良事業⇒施肥条件均一化 [M]単一作物展開による規模の経済実現	[G]高収量・矮小性・高施肥反応品種選抜 [E]水田の下での均一的施肥条件の実現 [M]化学肥料過剰施用の慢性化	[G]熱帯・亜熱帯地域固有の作物多様性 [E]風化土壌・多様性等，施肥条件の複雑さ [M]地域毎・地域内に多様な経営体系

図5.4.1　均一的な多投入・高収量生産システム適用条件の地域差

にするために大々的な土壌改良事業が行われ，施肥条件の均一化で経営上の規模の経済を実現した．育種では温帯のダイズを熱帯に適応させ，機械化を見越して丈の高い品種が選抜されていく（Lopes 1996; Fageria and Nascente 2014; Hunke *et al.* 2015）．

　他方，こうした均一的な生産システムが適用された地域ばかりではなかった．熱帯・亜熱帯地域の小規模農家のおかれる環境は極めて多様である．アフリカのケースでは，経営規模は 1 ha をきり，一つ一つの圃場面積はさらに小さい（Giller 2020）．ローカルで重要な作物は，小麦・コメ・トウモロコシと比べ，長らく国際的な育種対象のプライオリティにはなりにくいものであった（Evenson and Gollin 2003; Pingali 2012; Gollin *et al.* 2018; van Zonneveld *et al.* 2023）．古い風化土壌は肥沃度が低く，また圃場内での化学的・物理的条件のばらつきが高く，施肥条件が複雑である．肥料を投入しても土に吸着され作物に行きつかない場合もある．さらに，農外所得活動を含む非常に複雑な資源配分決定を行う小規模農家の多くは，技術的に均一的な生産システムの適用が極めて困難な条件を抱え，生産性は伸び悩むことになった（Vanlauwe and Giller 2006; Iiyama *et al.* 2017; Iiyama *et al.* 2018）．

　アジアもサブサハラアフリカと同様に小規模農家が主流であるが，極めて対照的な経緯を辿った．アジアにおける改良品種は，先進国におけるコムギ・イネの育種成果を導入できたのに加え（Evenson and Gollin 2003; Pingali 2012; Gollin *et al.* 2018），水田システムのもと，多くの養分が可溶性で作物に利用しやすく均一な栽培環境が整っていたこと，また酸欠・還元条件のもと連作障害が抑制されるというメリットがあった（Kyuma and Wakatsuki 1995）．この結果，アジアの小規模農業システムにおいては，高収量品種と化学肥料多投入のイノベーションが普及し，収量増が達成される一方，過度の肥料依存に陥ることになる．

5.4.2　生産システム・消費パターンの画一化と分極化

　実際に，多投入・高収量システムが地理的に不均一に展開してきたのか，栽培面積 ha あたり肥料投入量と作物収量のトレンドで見ていこう（表 5.4.1）．1961年から 2020 年の期間，世界平均で窒素肥料投入量は ha あたり 8 kg から 67 kg に 8 倍近く増え，収量は 1.4 トンから 4.1 トンに増えた．しかし地域差は激しく，

98 地球環境学×国際開発学

表 5.4.1　1961-2020 年の栽培面積あたり窒素肥料投入量・穀物収量トレンド

	1961		1980		2000		2020	
	窒素肥料投入量 (kg/ha)	穀物収量 (t/ha)	窒素肥料投入量 (kg/ha)	穀物収量 (t/ha)	窒素肥料投入量 (kg/ha)	穀物収量 (t/ha)	窒素肥料投入量 (kg/ha)	穀物収量 (t/ha)
アメリカ	13	2.5	45	3.8	48	5.9	60	8.1
ブラジル	2	1.3	14	1.6	27	2.6	80	5.3
EU	26	1.9	87	3.6	72	4.4	79	5.5
中国	5	1.2	122	2.9	170	4.8	172	6.3
日本	84	4.2	90	4.8	81	6.3	65	6.5
インド	2	0.9	22	1.4	64	2.3	121	3.4
アフリカ	2	0.8	9	1.1	10	1.3	16	1.7
世界	8	1.4	40	2.2	51	3.1	67	4.1

（FAOSTAT より）

1960 年代，アフリカだけでなく，中国，インド，ブラジルも化学肥料の利用はほぼ等しく少ない状況であったが，それ以降，トレンドは大きく乖離していくことになる．中国は 1960 年の肥料投入量が 5 kg，80 年に 120 kg，2020 年は 172 kg で，収量もこの間 1.2 トンから 6.3 トンに上昇した．インドは中国に遅れつつも，1961 年の肥料投入量は 2 kg，80 年に 22 kg，現在は 120 kg である．この 2 国における食料増産が世界の飢饉解消・貧困撲滅に貢献した一方，窒素循環で地球の限界越えをしてしまっているのは疑いがない．対して，アフリカは平均で，2020 年時点でも肥料投入量は 16 kg，収量も 2 トンに届かない．この期間，アフリカの人口は 4.7 倍増加しており，収量が低迷することで，生産増は森林破壊を伴う農地拡大を必要とし，同時に既存優良農地の細分化も進行した．その結果，増える人口に生産増が追い付かず，アフリカ諸国の多くは食料輸入依存を高めていき，食料輸出国からの規制やサプライチェーン撹乱に際して食料安全保障に構造的な脆弱性を抱えることになった（Ray *et al.* 2022; Forslund *et al.* 2023）.

　今度は栄養面での格差を，肉消費トレンドから見ていきたい（表 5.4.2）．過去 50 年間，1 人あたり肉消費量は世界平均で 23 kg から 43 kg と約 2 倍に増えた．他方，世界各地で事情は極めて異なる．アメリカは 89 kg から 127 kg とまだ増加しそうな勢いであり，ブラジルが追う立場にある．対する EU は 80 年代頃から伸びが鈍化し，近年は減少傾向にある．アジアでは中国や新興国の伸びは著しく，今や日本を超えて 63 kg である．対照的にインドは宗教的な理由から肉消費は非常に

表 5.4.2　1961～2021 年の 1 人あたり年間肉消費量トレンド・近年の栄養統計

	1 人あたり年間肉消費量 (kg/year/capita)			栄養状態 低栄養率	肥満率
	1961	2021	変化（倍）	2020 (%)	2016 (%)
アメリカ	89	127	1.4	< 2.5	36.2
ブラジル	27	99	3.7	4.7	22.1
EU	49	80	1.6	< 2.5	12.8
中国	3	63	21.0	< 2.5	6.6
日本	8	57	7.1	3.2	4.3
インド	4	6	1.5	16.6	3.9
アフリカ	13	18	1.4	19.3	13.1
世　界	23	43	1.9	9.2	22.9

（FAOSTAT より）

少ないものの，乳製品による動物性たんぱく質摂取において世界で最高水準にある．アフリカでの平均消費量は 10 kg 代にとどまっている．先進国では栄養失調が 2.5% 以下であるのに対し，肥満問題が著しく，アメリカでは人口の 36% が肥満を患っている．対照的に，アフリカでは先進国の肥満と同率近い栄養失調人口が存在する一方，肥満率はアジアと比較しても低くない，という栄養の 2 重苦に陥りつつある（NCD-RisC 2024）.

　ここで経済・技術的視点から，緑の革命の不均一な展開がもたらした現在の食料システムの抱える課題を整理しておく．まず，グローバルなサプライチェーン展開に支えられた安価なエネルギーと地球の有限資源の過剰消費は，安い食の供給を可能にした（Swinburn *et al.* 2019）．モノカルチャー・大規模機械化経営の行われる地域は多様性を排除することで高い生産性を誇っている．アジアでは自給および余剰を達成した国もあるが，過剰な肥料への依存が問題となっている．他方，多投入・高収量生産を可能にする緑の革命が適用できない地域では，小規模・少投入システムのもとで食料生産性が低迷し，経済・雇用の農業依存度が高いにもかかわらず食料輸入依存度が高いというパラドックスに陥った．実際，アフリカでは，作物遺伝資源の多様性はある一方，自給自足的な食料生産の生産性は低迷している．経済や雇用に占める農業比率が 30～50% と高い国ほど食料輸入依存が高い一方，ジャングルだった土地をプランテーションに転換した換金作物が外資獲得源となっている．その一方で，消費のグローバル化により，飢餓を解消できない途上国でも都市部を中心に過体重・肥満が進行し，栄養の二重負荷が悪

100　地球環境学×国際開発学

化している（NCD-RisC 2024）.

　要約すると，緑の革命は，グローバルサウスの一部で多投入・高収量生産システムの展開を可能にしたが，環境条件が多様で厳しい地域は取り残しつつ，グローバルで過剰な生産・消費が地球・人類の健康をむしばんでいる状況をもたらしてしまっている（Willet *et al.* 2019）.

　以上，今日の食料システムにおいて，技術適用度の観点から，画一化と分極化の双方のパターンが見られると同時に，いずれの地域も，各々深刻な課題を抱えていることが示された.

5.4.3　農業 G × E × M 条件からみた帝国主義・植民地化 vs. 緑の革命

　第 2 章で言及した遺伝資源（G）×生産環境（E）×栽培管理（M）の視点から，緑の革命の意義を因数分解しておきたい（図 5.4.2）. 帝国主義・植民地化のもとで，グローバルノースとサウスを分けたのは，日長光周性による栽培化された作物や家畜の展開の制約であった. これに対し，緑の革命においては，シャトル育種によって日長感応性が低く，異なる環境適応性の高い品種が育成されたことが適用地域の拡大に繋がった. 同時に，化学肥料への反応が高い一方，種子の重さに対して倒伏しないよう頑丈で低い背丈という点も品種選抜の条件となった. 効果的な施肥管理のためには，均一的な栽培環境が必要で，モノカルチャー栽培が

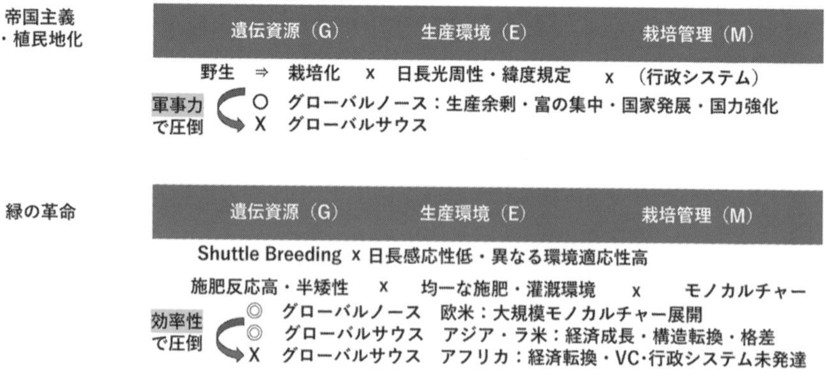

図 5.4.2　農業技術 G × E × M の視点からみた
帝国主義・植民地化 vs. 緑の革命

経済的に優位性を持つ．こうした育種・栽培技術は，環境・経営条件が合ったグローバルサウスの一部で普及展開する．帝国主義・植民地化ではグローバルノースがサウスを軍事力で圧倒したところ，資本主義・グローバル化の中，生産効率・コストパフォーマンスの高いところが生産地として優位となった．一方，サウスの中でもとくに土壌条件が悪く，肥沃度が低くかつ圃場内でも条件が多様で施肥条件が複雑であるアフリカのような地域では，導入する条件が整っていなかった．収量向上の技術が導入されたとしても，収穫物を貯蔵し加工し販売するバリューチェーンが未発達という課題を抱え続けることになる．

緑の革命のG×E×M因数分解について，さらに別の視点から見ていきたい（図 5.4.3）．育種については，国際農業研究機関の公共財的な性格が，シャトル育種のようなイノベーションを生み出し，飢饉撲滅というスケールインパクトをもたらしたことは疑いがない．一方で，多投入・高収量生産システムは，均一な経営環境のもとで規模の経済を発揮することから，モノカルチャーへと環境を改変した条件で比較優位を発揮した．さらに，多投入な栽培マネジメントは，安いエネルギーや水を濫用し，水・土壌・大気汚染の外部性を内部化せず，窒素・リン循環攪乱や温室効果ガス排出を許した．環境コストが外部化されることで割安な食料がグローバルに席巻するなか，条件不利地では新技術投資のマージナルコストがマージナルベネフィットよりも高く，また社会分業によるバリューチェーン展開基盤がないことが，技術イノベーションの普及を妨げている．条件

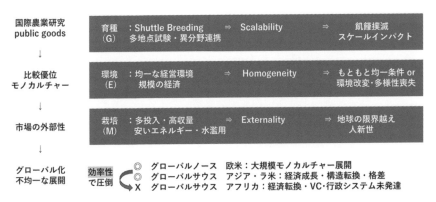

図 5.4.3　農業技術 G × E × M 条件とグローバル競争力

不利地域は，グローバル化に巻き込まれながら，農業発展の機会を逸し，経済構造転換や行政システムも未発達となった．

5.4.4 緑の革命に対する CGIAR（国際農業研究協議グループ）の対応

　緑の革命は，飢饉の撲滅という社会正義は達成した一方，環境問題や脆弱な社会層の問題で批判にさらされてもきた（Gollin *et al.* 2018）．コムギ・コメ・熱帯農業に関する 4 つの研究機関を中心に形成された国際農業研究機関の連立組織である CGIAR（Consultative Group on International Agricultural Research）は，緑の革命の負の側面に対する批判にも誠実に対応してきた（Kanamori and Iiyama 2021）．制度的には，作物・家畜だけでなく，条件不利地の作物に特化した機関や，政策や小規模農家の自然資源マネジメントを対象とした機関との連携をつよめていく．予算についても，1970 年には主に作物生産性に集中していたものが，次第に環境保全・生物多様性・政策にも割り当てられていき，参加型育種やシステム的なアプローチも進められていく．同時に途上国の農業研究機関の能力向上に一貫としてコミットしてきた．そして今は，21 世紀の課題にシステムとして取り組むため，OneCGIAR へとより統合をつよめる方向で調整が進んでいるとのことである（CGIAR 2020）．

5.5　地球沸騰化時代の社会正義と食料イノベーションの使命
5.5.1　緑の革命とグレート・アクセラレーション

　農業がはじまったのはおよそ 1 万 2 千年前といわれているが，20 世紀初めの化学肥料製造法の確立，そしてそれに合わせた高収量品種・広域適応可能な育種資源の開発といった技術的イノベーションが起こったのは，ちょうど 1950 年代前後であった．20 世紀半ば以降の緑の革命の展開と，1950 年代以降，人類の活動によって社会経済や地球環境の変動が急増した「グレート・アクセラレーション」（Steffen *et al.* 2015a; Steffen *et al.* 2015b）のタイミングは一致している．実際，世界人口の増加を上回る食料増産なしに，都市化・経済成長・工業化といった他の社会経済発展は不可能であり，食と農業にかかわる世界人口・肥料消費量・ダム・水利用といった社会経済指標の急上昇は，明らかに 1950 〜 60 年代以降に顕著となった．同時に，こうした社会経済変化は，地球システムに影響を及ぼす温

室効果ガス排出や資源搾取・生物多様性喪失といった指標に現れるように，地球システムに甚大なインパクトをもたらすようになっている（Steffen *et al.* 2015a）.

この1950年代を起点として，人類が地球システムに及ぼす影響が地質にも表れているとして「人新世」を新たな地質時代とする議論が行われてきたが，提案は2024年初めに地質学会小委員会で否決された（Witze 2024; Voosen 2024）. 人類の地球への影響は，農業開始・産業革命といったコンテクストも含め，より広くとらえる必要がある，という理由だ. ただし，1950年来のグレート・アクセラレーションの背景に，緑の革命の果たした役割は大きい. その社会的インパクトは飢餓の解消にとどまらず，地球システムの不安定化フィードバックをもたらしている. この現象を人新世概念で捉えることは誤りではないだろう.

改めて，緑の革命の社会的インパクトを，整理しておく（図5.5.1，口絵5.1，口絵5.2：飯山2024）. 1970年代から2020年代までの50年間，世界人口は40億〜80億に倍増した. 多投入・高収量システムの下，穀物全体で3.5倍の生産増を生産性向上で実現する代わり，肥料依存が強まった. 穀物の家畜飼料利用による工業的な畜産業が発展し，また，熱帯地域では小規模農家の生産は低迷する一方，ダイズ・パーム等の油糧作物のモノカルチャー生産体制が確立し加工食産業が展開していく. 肥満・低栄養・地球健康問題が併存する今日の食料システムは，窒素・リン循環，生物多様性喪失，土地利用変化，気候変動，淡水利用，新規化学物質の6分野で，プラネタリー・バウンダリーを超える主要因になっている（Richardson *et al.* 2023）. 2050年代までに世界人口が約100億人に達すると予測される中，現状維持では地球がもたないということは明らかである. さらに，安全かつ公正な地球システム・バウンダリーのほとんどが既に境界を越え，とくに人口密度の高い地域で顕著であり，公正の面で深刻な世代間格差の懸念をもたらしている（Rockström *et al.* 2023）.

5.5.2 気候変動の責任×適応能力の不均衡

気候変動の影響は，これまでほとんど温室効果ガス排出をしてこなかったグローバルサウスも負の影響を大きく被る. 負の影響は，しばし途上国による適応策の限界を超えていることから，気候変動交渉の国際的議論において「損失と損害（loss and damage）」の必要性が叫ばれるようになっている.

104　地球環境学×国際開発学

1970s ➡

2020s ➡

目標：飢餓の撲滅目標
↓
目標：安価なカロリー供給

安価なエネルギー大量消費
↓
肥満×低栄養×地球健康危機

➡ 2023

プラネタリー・バウンダリー越え

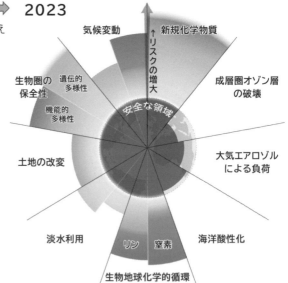

図 5.5.1　緑の革命の社会的インパクト

口絵 5.1, 5.2 にカラー図あり．

（下図の出典：Planetary boundaries - Stockholm Resilience Centre, Azote for Stockholm Resilience Centre, based on analysis in Richardson *et al* 2023）

一方，気候変動のインパクトは世界で一律でないのと同様に，社会の適応能力にも大きなばらつきがある（Andrijevic *et al.* 2023; Sutton *et al.* 2024）．本章冒頭でDiamond の説を引き合いに出したように，食料増産の達成は社会の中に支配と非支配の関係を持ち込むことで，社会格差をもたらすが，そうした社会的変化は経済構造転換と経済成長に結び付くこともある．実際，緑の革命により，グローバルサウスの一部は食料増産を実現し，社会格差を伴いつつも全体的には飢餓撲滅と経済構造転換に成功してきた．一方，グローバル化で安価な輸入食料がグローバル市場を席巻する中，損失と損害の対象となるようなグローバルサウスでも不利な生産環境条件を持つ国々においては，小規模・少投入システムのもとで食料生産性が低迷し，社会格差を通じた本源的蓄積および経済構造転換が起こらず，内発的な経済発展が阻まれてきた．その結果，こうした国々の多くは，未だに行政制度が未整備で，徴税能力や行政サービス提供能力も十分でない．一方，人口増の圧力のもと本来農村社会の平等を規定していたはずの土地配分機能が破綻し，土地なし若年層の出現による都市・海外移動のプッシュ要因となっており（Yeboah *et al.* 2019; Giller 2020; Moreda 2023），政情不安の火種ともなっている．このような状況において，loss and damage の補償対象が政府である場合，脆弱な社会層の適応能力強化に十分な資源が配分されるかどうか，必ずしも保証はない．

気候変動適応能力の参考となる指標として，絶対的貧困，都市化，人口規模，政府による汚職のコントロール度，ジェンダー平等，が挙げられる（Andrijevic *et al.* 2023）．1 人あたり温室効果ガス排出量は，国の経済発展水準に応じた気候変動適応能力も反映していると仮定する．例として，1 人あたり温室効果ガス排出量がアメリカでは 14.86 トン，日本は 8.57 トンであるのに対し，2022 年 8 月末に国土 3 分の 1 以上が洪水に見舞われ，同年 COP27 で損失と損害に関する議論を主導したパキスタンでは 0.99 トン，のほか，最近政情不安の伝えられるアフリカ諸国のうち，スーダン 0.46 トン，エチオピア 0.15 トン，ニジェールで 0.11トンであった（Global Carbon Budget 2023）．

5.5.3 「包摂と正義の地球環境学」と食料イノベーション

グローバルノースからグローバルサウスへの補償の枠組みが開始されたことは，衡平で包摂的な社会を目指す上で，気候正義を含めた社会正義が問われてい

ると言え，弱者や取り残されている関係者との未来社会の共創が必要不可欠であることを示している．一方，気候変動の社会正義を追求する際，損失と損害のプライオリティとなるべき国ほど，行政システムが脆弱で支援を必要とする社会層に資源を分配するガバナンスに課題があることも事実である．

　真に包摂的で，社会正義を満たす食料イノベーションはありうるのであろうか．本稿で冒頭に論じたように，「農業は人類の歴史の最大の過ち」（Diamond 1987）という言葉に表されるように，20世紀の緑の革命に限らず，歴史的に見て，食料増産の達成は負の社会的インパクトと不可分である代わりに，経済成長と技術進歩を加速する側面があった．緑の革命をもたらした20世紀の食料イノベーションは，当時の社会正義であった飢饉撲滅を実現した一方，環境条件に恵まれない地域における小規模農家の生産性向上技術の適用においてボトルネックに直面したことを鑑みれば，包摂的ではなかった．

　21世紀現在，人類は，かつてない資源搾取を通じ生態学的に不安定な状態へと突き進む一方，世界には未だにまともな生活を送っていない人々も多く存在する．安全性および公正という観点から地球システムの限界を定義し，グローバルのみならず地域レベルで評価する必要性も提案されている．最近の研究によると，全人類にとって地球システムを攪乱することなくベーシックニーズを充足することが可能な安全で公正な領域は理論的には可能であるが，二酸化炭素排出・生物多様性喪失・生物地球化学的循環の制約を鑑みて，全ての経済セクターにおける大規模な構造転換が求められる（Schlesier *et al.* 2024）．とりわけ農業慣行の改善と物質循環の向上につながる，二酸化炭素排出量，生物多様性喪失，リン・窒素関連の排出を大幅に削減する必要性が指摘されている．　例えば緑の革命が適用できた地域では，環境負荷削減と生産性向上を両立する方向に向かっている．一定の農地面積から収量を増やすのに，かつては肥料・農薬を大量投入することが求められた．これに対し，近年は，品種開発・栽培管理でのイノベーションが，肥料・農薬投入削減を上回る生産性向上を実現することが可能になりつつある．

　同時に，エコシステムサービス提供システム・生活充足ニーズ・環境インパクト・地球システム・バウンダリーには大きな地域差があり，こうした地域差ごとの課題に対応する重要性が増している（Sutton *et al.* 2024; Schlesier *et al.* 2024）．　21世紀の社会正義を満たすための条件として，環境を改変するのではなく，精密スケー

ルで農業気候土壌学的・社会的条件の多様性に向き合うための技術が求められることを意味している．近年，バイオテクノロジーやデジタル・スマート技術の加速度的な展開により，環境攪乱を最小化しつつ，生産現場の多様性に精密スケールで向き合う技術適用のマージナルコストが低減していく可能性が出てきた．実際，バイオテクノロジーの発展は，遺伝子型と環境条件の関係性を解き明かす G × E 研究の展開で，ローカル環境に適応かつエコシステムの強靱化につながる多種多様な作物の品種開発を加速化させることが期待されている．また，スマート・デジタル農業は，精密環境スケールでの栽培管理に関する M × E 研究の展開を推進する．これにより，かつては経済的・技術的に困難であった，複雑な化学・物理的条件を有する土壌に対する施肥管理の可能性も高まっている．

　ただし，途上国農民のおかれる状況の複雑さとリスクを鑑みると，可能性を実現する道筋は，必ずしも単純ではないことも事実である．農民の意思決定には，農民の視点から，新たなイノベーションを導入する利益が，経済的・社会的・文化的コストを十分に上回る必要性がある．包摂と正義のための食料イノベーション展開に向け，社会科学者を含めた異分野連携チームが，農民の技術採択に影響を与える要因に配慮して，技術導入・普及のデザインをしていくことが肝要となる．

　こうした食料イノベーションの普及は，採用できる農民とそうでない農民の間に必然的な格差を伴うものかもしれない．しかし，農業発展は，内生的な社会構造転換・市場経済発展にとって不可欠である．国際農業協力において，グローバルサウスにおける食料イノベーション実現に向け，技術面の支援だけにとどまらず，若年層世帯の人口爆発・過度の圃場細分化・土地なし層・農外所得といった社会経済的な事情も鑑みて，弱者保護の仕組みを含めた，包摂的な農村開発のための制度作りが求められる．

参考文献

飯山みゆき（2024）私たちの食生活と人・地球の健康．生活協同組合研究, 576, 20-23. https://www.jstage.jst.go.jp/article/consumercoopstudies/576/0/576_10/_article/-char/ja/

Andrijevic, M., Schleussner, C.F., Crespo Cuaresma, J. *et al.*（2023）Towards scenario representation of adaptive capacity for global climate change assessments. *Nat. Clim. Chang*, 13, 778-787. https://doi.org/10.1038/s41558-023-01725-1

108　　地球環境学×国際開発学

Baranski, M.R.（2015）Wide adaptation of Green Revolution wheat: International roots and the Indian context of a new plant breeding ideal, 1960-1970, Studies in History and Philosophy of Science Part C: *Studies in History and Philosophy of Biological and Biomedical Sciences*, 50, 41-50. https://doi.org/10.1016/j.shpsc.2015.01.004

Ceccarelli, S.（1989）Wide adaptation: How wide? *Euphytica* 40, 197-205. https://doi.org/10.1007/BF00024512

Capdevila-Cortada, M.（2019）Electrifying the Haber-Bosch. Nat Catal 2, 1055. https://doi.org/10.1038/s41929-019-0414-4

CGIAR（2020）One CGIAR-endorsed destination, transition roles, and timeline. https://storage.googleapis.com/cgiarorg/2020/05/One-CGIAR-endorsed-destination-transition-roles-timeline.pdf. Accessed on 24 Dec 2020

Dempewolf, H., Krishnan, S. and Guarino, L.（2023）Our shared global responsibility: Safeguarding crop diversity for future generations. 120 (14), e2205768119 https://doi.org/10.1073/pnas.2205768119

Diamond, J.（1987）The worst mistake in the history of the human race. *Discover Magazine*, May 1987, 64-66.

Diamond, J.（2017）*Guns, Germs, and Steel. The Fates of Human Societies.* First published as a Norton Paperback 1999, reissued 2017.

Evenson, R.E. and Gollin, D.（2003）Assessing the Impact of the Green Revolution, 1960 to 2000. *Science*, 300 (5620), 758-762. https://www.science.org/doi/10.1126/science.1078710

Fageria, N.K. and Nascente, A.S.（2014）Chapter Six-Management of Soil Acidity of South American Soils for Sustainable Crop Production, in Sparks EL eds. *Advances in Agronomy, Academic Press*, 128, 221-275, https://doi.org/10.1016/B978-0-12-802139-2.00006-8

Forslund, A. *et al.*（2023）Can healthy diets be achieved worldwide in 2050 without farmland expansion?. *Global Food Security*, 39, 100711. https://doi.org/10.1016/j.gfs.2023.100711

Fuglie, K.O. and Echeverria, R.G.（2024）The economic impact of CGIAR-related crop technologies on agricultural productivity in developing countries, 1961-2020. *World Development*, 176. https://doi.org/10.1016/j.worlddev.2023.106523

Giller, K.（2020）Perspective: The Food Security Conundrum of sub-Saharan Africa. *Global Food Security*, 26, 100431. https://doi.org/10.1016/j.gfs.2020.100431

Global Carbon Budget（2023）Population based on various sources.

Gollin, D., Hansen, C.W. and Wingender, A.（2018）Two Blades of Grass: The Impact of the Green Revolution. *NBER Working Paper*, 24744, June 2018. https://www.nber.org/system/files/working_papers/w24744/w24744.pdf

Gollin, D.（2020）Conserving genetic resources for agriculture: economic implications of emerging science. *Food Sec.*, 12, 919-927. https://doi.org/10.1007/s12571-020-01035-w

Hignett, T.P.（1985）History of Chemical Fertilizers. In: Hignett, T.P.（eds）*Fertilizer Manual. Developments in Plant and Soil Sciences*, 15. Springer, Dordrecht. https://doi.org/10.1007/978-94-017-1538-6_1

Hunke, P., Mueller, E.N., Schröder, B. and Zeilhofer, P.（2015）The Brazilian Cerrado: assessment of water and soil degradation in catchments under intensive agricultural use. *Ecohydrology*, 8 (6),

第 5 章　緑の革命と社会正義　**109**

September 2015, 1154-1180. https://doi.org/10.1002/eco.1573

Iiyama, M., Derero, A., Kelemu, K., Muthuri, C., Kinuthia, R., Ayenkulu, E., Kiptot, E., Hadgu, K., Mowo, J. and Sinclair, F. (2017) Understanding patterns of tree adoption on farms in semi-arid and sub-humid Ethiopia. *Agroforestry Systems.* 91, 271-293. https://link.springer.com/article/10.1007/s10457-016-9926-y

Iiyama, M., Mukuralinda, A., Ndayambaje, J.D., Musana, B.S., Ndoli, A., Mowo, J.G., Garrity, D., Ling, S.and Ruganzu, V. (2018) Addressing the paradox-the divergence between smallholders' preference and actual adoption of agricultural innovations. *International Journal of Agricultural Sustainability,* 16 (6), 472-485, https://www.tandfonline.com/doi/full/10.1080/14735903.2018.1539384

Kanamori, N. and Iiyama, M. (2021) Changing Agendas of CGIAR's International Agricultural Research, JARQ Vol.55, Special Issue, 395-404. https://www.jircas.go.jp/publication/jarq/20ss17

Kandemir, T., Schuster, M.E., Senyshyn, A., Behrens, M. and Schlögl, R. (2013) The Haber-Bosch Process Revisited: On the Real Structure and Stability of "Ammonia Iron" under Working Conditions. Angew. *Chem. Int. Ed.,* 52, 12723-12726. https://doi.org/10.1002/anie.201305812

Khoury, C.K. *et al.* (2014) Increasing homogeneity in global food supplies and the implications for food security, 111 (11) , 4001-4006. https://doi.org/10.1073/pnas.1313490111

Khush, G. (2001) Green revolution: the way forward. *Nat Rev Genet,* 2, 815-822. https://doi.org/10.1038/35093585

Kyuma, K. and Wakatsuki, T. (1995) Ecological and Economic Sustainability of Paddy Rice Systems in Asia. In Agriculture and the Environment (eds A.S.R. Juo and R.D. Freed). https://doi.org/10.2134/asaspecpub60.c8

Lumpkin, T.A. (2015) How a Gene from Japan Revolutionized the World of Wheat: CIMMYT's Quest for Combining Genes to Mitigate Threats to Global Food Security. In: Ogihara, Y., Takumi, S., Handa, H. (eds) *Advances in Wheat Genetics: From Genome to Field.* Springer, Tokyo. https://doi.org/10.1007/978-4-431-55675-6_2

Lopes, S. (1996) Soils under Cerrado: A Success Story in Soil Management. *Better Crops International/.* 10 (2), November 1996. http://www.ipni.net/publication/bci.nsf/0/BD82D5423F10863F85257BBA0070C42D/%24FILE/Better%20Crops%20International%201996-2%20p09.pdf

McCouch, S.R. and Rieseberg, L.H. (2023) Harnessing crop diversity. *PNAS,* 120 (14) e2221410120 https://www.pnas.org/doi/10.1073/pnas.2221410120

Moreda, T. (2023) The social dynamics of access to land, livelihoods and the rural youth in an era of rapid rural change: Evidence from Ethiopia. *Land Use Policy,* 128, 106616, https://doi.org/10.1016/j.landusepol.2023.106616

NCD Risk Factor Collaboration (NCD-RisC) (2024) Worldwide trends in underweight and obesity from 1990 to 2022: a pooled analysis of 3663 population-representative studies with 222 million children. *adolescents, and adults,* February 29, 2024. https://doi.org/10.1016/S0140-6736 (23) 02750-2

Ortiz, R., Trethowan, R., Ferrara, G.O. *et al.* (2007) High yield potential, shuttle breeding, genetic diversity, and a new international wheat improvement strategy. *Euphytica,*157, 365-384. https://doi.org/10.1007/s10681-007-9375-9

Pilling, D., Bélanger, J., Diulgheroff, S., Koskela, J., Leroy, G., Mair, G. and Hoffmann, I. (2020) Global

110　地球環境学×国際開発学

status of genetic resources for food and agriculture: challenges and research needs: Global status of genetic resources for food and agriculture. *Genetic Resources*, 1 (1), 4-16. https://www.genresj.org/index.php/grj/article/view/genresj.2020.1.4-16/17

Pingali, P.L. (2012) Green revolution: impacts, limits, and the path ahead. *Proc. Natl. Acad. Sci. USA.* 2012 Jul 31;109 (31):12302-8. https://www.pnas.org/doi/full/10.1073/pnas.0912953109

Ray, D.K., Sloat, L.L., Garcia, A.S. *et al.* (2022) Crop harvests for direct food use insufficient to meet the UN's food security goal. *Nat. Food*, 3, 367-374. https://doi.org/10.1038/s43016-022-00504-z

Richardson, K. *et al.* (2023) Earth beyond six of nine planetary boundaries. *Science Advances,* 9 (37), https://www.science.org/doi/10.1126/sciadv.adh2458

Rockström, J., Gupta, J., Qin, D. *et al.* (2023) Safe and just Earth system boundaries. *Nature,* 619, 102-111. https://doi.org/10.1038/s41586-023-06083-8

Schlesier, H. *et al.* (2024) Measuring the Doughnut: A good life for all is possible within planetary boundaries. *Journal of Cleaner Production,* 448, 141447. https://doi.org/10.1016/j.jclepro.2024.141447

Schulte-Uebbing, LF., Beusen, AHW., Bouwman, AF. *et al.* (2022) From planetary to regional boundaries for agricultural nitrogen pollution. *Nature,* 610, 507-512. https://doi.org/10.1038/s41586-022-05158-2

Smith, C., Hill, AK., Torrente-Murciano, L. (2020) Current and future role of Haber-Bosch ammonia in a carbon-free energy landscape, Energy Environ. *Science,* 13, 331-344, https://pubs.rsc.org/en/content/articlepdf/2020/ee/c9ee02873k

Steffen, W. Richardson, K., Rockström, J. *et al.* (2015a) Planetary boundaries: Guiding human development on a changing planet. *Science,* 347, Issue 6223. https://www.science.org/doi/10.1126/science.1259855

Steffen, W., Broadgate, W., Deutsch, L., Gaffney, O. and Ludwig, C. (2015b) . The trajectory of the Anthropocene: The Great Acceleration. *The Anthropocene Review*, 2 (1), 81-98. https://doi.org/10.1177/2053019614564785

Stockstad, E. (2009) The Famine Fighter's Last Battle. *Science,* 324, 710-712, https://www.science.org/doi/10.1126/science.324_710a

Sutton, W.R., Lotsch, A. and Prasann, A. (2024) *Recipe for a Livable Planet: Achieving Net Zero Emissions in the Agrifood System.* Agriculture and Food Series. Conference Edition. Washington, D.C: World Bank. http://hdl.handle.net/10986/41468

Swaminathan, M. (2009) Norman E. Borlaug (1914-2009). *Nature* ,461, 894. https://doi.org/10.1038/461894a

Swinburn, B.A. *et al.* (2019) The Global Syndemic of Obesity, Undernutrition, and Climate Change: The Lancet Commission report. *The Lancet,* 393 (10173) , 791-846. https://www.thelancet.com/journals/lancet/article/PIIS0140-6736 (18) 32822-8/fulltext

Vanlauwe, B. and Giller, K.E. (2006) Popular myths around soil fertility management in sub-Saharan Africa. *Agriculture, Ecosystems & Environment*, 116, Issues 1-2, 34-46, https://doi.org/10.1016/j.agee.2006.03.016

van Zonneveld, M. *et al.* (2023) Forgotten food crops in sub-Saharan Africa for healthy diets in a changing climate. *PNAS,* 120 (14), e2205794120. https://www.pnas.org/doi/full/10.1073/pnas.2205794120

Voosen, P. (2024) The Anthropocene is dead. Long live the Anthropocene. Panel rejects a proposed geologic time division reflecting human influence, but the concept is here to stay. *Science,* https://doi.

第5章 緑の革命と社会正義 **111**

org/ 10.1126/science.z3wcw7b

Willett, W., Rockström, J. *et al.* (2019) Food in the Anthropocene: the EAT-Lancet Commission on healthy diets from sustainable food systems. *Lancet,* 393, 447-492. https://doi.org/ 10.1016/S0140-6736 (18) 31788-4.

Williams, K.R. (2010) Fertilizers, Then and Now. *Jounal of Chemical Education*, 87, 135-138. https://doi.org/10.1021/ed8000683

Witze, A. (2024) Geologists reject the Anthropocene as Earth's new epoch-after 15 years of debate but some are now challenging the vote, saying there were 'procedural irregularities. *Nature*, 627, 249-250. https://doi.org/10.1038/d41586-024-00675-8

Yeboah, F.K., Jayne, T.S., Muyanga, M. and Chamberlin, J. (2019) Youth access to land, migration and employment opportunities: evidence from sub-Saharan Africa. 53 IFAD Research Series. https://www.ifad.org/documents/38714170/41187395/13_Yeboah+et+al._2019+RDR+BACKGROUND+PAPER.pdf/49d161d8-bc5a-e154-fdb4-0d2d032a2f29

第6章　　　　　　　　　　　　　　　　　　　　地球環境学 × 倫理学

気象・気候への人為的介入と ELSI

笹岡 愛美・阿部 未来・橋田 俊彦
山本 展彰・米村 幸太郎・小林 知恵

気象・気候への人為的介入技術がもたらす倫理的・法的・社会的影響
（Ethical, Legal and Social Implications: ELSI）について論考する．（1）ま
ずは，介入の前提となる社会的な状況について触れる．（2）次に，す
でに実用化または提案されている介入技術を分類・整理し，（3）その
実施に関する法制度等のガバナンスの状況と課題を明らかにする．（4）
その後，気象・気候への人為的介入に特有の倫理的状況について，伝
統的なフレームワークである不確実性・正義・環境倫理の側面から検
討する．

6.1　気象・気候と社会

我々の生活と気象・気候とを切り離すことはできない．気象とは，地球大気の
状態により生まれる降雨，降雪，雷，風等の自然現象であり，長期にわたる平均
的な気象の状態を気候という．気象・気候は，生活に必要な水資源やエネルギー
資源の供給源であるとともに，暑さ寒さ，雨季乾季などの季節を作り出し，各地
の気候に適した生態系の営みや，固有の文化・生命観・自然観を醸成する源泉と
もなるものである．その一方で，気象・気候は，ときに人々の生活基盤を脅かす
自然外力をもたらすこともある．台風や暴風雨は，河川の氾濫，内水氾濫，土砂
災害，家屋の倒壊，船舶の事故等の災害につながり，実際にこれまで多くの人命
や財産が失われてきた．また，教育，仕事，スポーツ，レジャーの機会が奪われ
るなど，人々の社会的・経済的・文化的な生活にも影響を与える．自然がもたら
す負の影響も受け容れ，自然の懐の中で生活を営むということもまた，我々の自
然観の一部である．しかし，気象・気候と人々の生活とのバランスをうまく保つ

第6章 気象・気候への人為的介入とELSI 113

ことができなくなったとき，我々の社会はどのような道に進むべきなのであろうか．とりわけ，年々進行する地球温暖化は，各地の気候を大きく変動させている．また，海面水温の上昇は，珊瑚礁の白化などのように海中の生態系を変容させるだけでなく，海上の熱帯低気圧を急発達させ，これにより発生した台風，豪雨などによる気象災害の激甚化が懸念される（環境省 2023）．我々の社会は，河川・土木工事などによる防災対策や気候変動に対する緩和・適応策を進化させ，変容する気象・気候との共生を模索してきた．さらに，現代の科学技術は，負の影響をもたらす可能性のある気象・気候に人為的に介入し，その影響を弱めることも選択肢のひとつとして提示することができるレベルにある．

6.2 気象・気候への人為的介入
6.2.1 介入の歴史

雨ごいに代表されるように，人間の力によって気象を操作しようとする試みは，太古の昔から存在したが，科学的に実現可能な状態に至るにはほど遠かった．しかし，1946年にクラウドシーディングの原理が発見されたことを契機として，科学技術としての気象・気候への人為的介入が現実のものとなっている（表6.2.1）．

1946年7月，Vincent J. Schaefer と Irving Langmuir が，実験室においてコールド・チャンバーを使った作業中に，偶然，過冷却された雲の中でドライアイスを使用すると瞬間的に氷の結晶が形成されること（クラウドシーディングの原理）を発見した（Havens 1952）．1946年11月13日，初めて屋外の雲に対する実験が行われ，ドライアイス約 13 kg を高度約 4,200 m から約 5 km にわたってシーディングしたところ，散布から数分後，過冷却水滴が氷晶に変わり，雪となって落下した様子が観測された（Langmuir *et al.* 1948）．翌1947年10月13日には，ハリケーンに対してドライアイス約 86 kg を高度 8,000 m からシーディングする実験が初めて行われた（Langmuir *et al.* 1948; Havens 1952）．当該実験の効果は不明と報告されたが，その後もハリケーンに対する人為的介入が試みられることとなった．その背景には，米国では1954年の Hurricanes Carol, Edna, Hazel，1955年の Hurricanes Connie, Diane, Ione という計6つの台風が国土に大きな被害をもたらしたことが挙げられる．1955年に米国議会はハリケーンに関する研究費を大幅に増額し，

114   地球環境学×倫理学

表 6.2.1　気象・気候への人為的介入の歴史

1946	・米国 Schaefer と Langmuir によってクラウドシーディングの原理が発見. ・米国 世界初の屋外の雲に対するシーディング実験.
1947	・米国 世界初のハリケーンに対するシーディング実験. ・日本初の屋外の雲に対するシーディング実験（佐賀県）
1954 ~ 1955	・米国 Hurricanes Carol, Edna, Hazel, Connie, Diane, Ione により大きな被害
1955	・米国気象局が NHRP を開始
1959	・伊勢湾台風が上陸（死者・行方不明者は 5,098 名）
1961	・Hurricane Esther に対するシーディング実験で最大風速の低下を観測
1962	・米国 商務省と国防総省の統合プログラムとして Project Stormfury を開始 （1963 Hurricane Beulah, 1969 Debbie, 1971 Ginger に対してシーディング 実験を実施）
1965	・東京都が人工降雨装置小河内発煙所を導入（1958, 1964 の渇水を受けて） 防災科学技術センターで特別研究「気象調節に関する研究」が開始（1968 終了） ・第 1 回 ECAFE/WMO 台風専門家会議にて，米国が日本および関係国に 北西太平洋で台風に対するシーディング実験を提案
1968	・防災科学技術センターで「積乱雲の人工制御による雹害防止に関する 研究」が開始（1972 終了）
1974	・ベトナム戦争における米国の気象改変プロジェクト（ポパイ作戦 1967 ~ 1972））の実施が判明
1975	・第 8 回 ESCAP/WMO 台風委員会にて，二国間交渉などの協議が満足の いく結論に達していないため，北西太平洋でのシーディング実験は実施 しないと結論づけられた
1978	・国連環境改変技術敵対的使用禁止条約（ENMOD: 6.3.1 参照）発効
1988	・WMO/UNEP により IPCC 設立
1991	・フィリピン・ピナツボ火山噴火（エアロゾルによる地球冷却効果）
2006	・Crutzen が成層圏エアロゾル注入の検討を提案して以降，気候工学に関 する研究が盛んに
2014	・IPCC 第 5 次評価報告書において「CDR」「SRM」（6.2.3 参照）に言及
2022	・日本・ムーンショット型研究開発事業目標 8（MS8）による気象制御研 究開始

1955 年のハリケーンシーズン後米国気象局は National Hurricane Research Project（NHRP）を開始した（Willoughby *et al.* 1985）.

　1961 年 9 月 16 日，17 日には，世界で 2 度目となる，Hurricane Esther に対するシーディング実験が行われ，シーディング後最大風速が 2 時間にわたって約 10% 減少したことが確認された（Gentry 1970）. 実験の成功を受け米国は，1962 年 7 月 30 日に商務省（Department of Commerce, Environmental Science Services Administration）と国防総省（Department of Defense, U.S. Navy）の統合プログラムとして Project Stormfury を開始した（U.S. Department of Commerce/Environmental Science Administration 1967）. Project Stormfury の期間内（1962 ~ 1983）に計 3 回

Hurricane Beulah（1963），Debbie（1969），Ginger（1971）に対してヨウ化銀（AgI）をシーディングする実験が実施された（Simpson and Malkus 1964）．Debbie に関しては，シーディングの5時間後に最大風速が31%減少したことが確認され，シーディングの効果が示唆された．

米国はハリケーンに対するシーディング実験の機会を増やすため，1965年にECAFE/WMO 台風専門家会議を通じて日本・韓国・台湾・フィリピンをはじめとする太平洋諸国に，太平洋の台風に対する実験実施を提案した（水野 1971）．日本では1959年の伊勢湾台風での甚大な被害を受けて台風制御への意欲が高まっており，実験の副作用を懸念しつつも太平洋での実験を実施するか否かについて活発に議論された（中村 1975）．1975年に，陸上の安全性の確保が困難であることを理由に日本および中国が実験に反対したことで，太平洋での台風に対する実験は実施しないことが結論づけられた（中村 1978）が，台風制御に関する議論は，国内の気象改変（人工降雨・人工降雪・降雹抑制など）に関する研究を盛り上げることにつながった．

気候工学研究は，2006年に Crutzen が成層圏エアロゾル注入を検討し始めたことを契機として本格化する．

6.2.2　日本における台風制御研究

日本において初めて台風制御について報じられたのは，1947年の読売新聞の紙面であった（読売新聞 1947）．米国での人工降雨実験成功を報じる中で，「人工降雨や降雪のほか，原子爆弾を台風の進路で爆発させればその方向をかえうる可能性があるといわれ，地球をまたにかけた人工気象変換計画などもアメリカの学界の話題をにぎわしている」と言及された．なお，のちに原子爆弾を用いた台風制御の可能性は否定されている．

台風制御研究の必要性を高めたのは1959年の伊勢湾台風である．伊勢湾台風は勢力が強くかつ暴風域も広く，台風に伴う高潮被害の死者・行方不明者は全国で5,098名に上った．当時の科学技術庁長官の中曽根康弘氏は臨時台風科学対策委員会を開き，「科学的基礎を確立することが当面の先決問題であり，さらに進んで，台風の破壊力を洋上において減殺し又はその移動の方向転換を図るがごとき台風制御に関する研究をも考慮すべき」，「台風制御のための基礎研究として，

116 地球環境学 × *倫理学*

人工降雨などに関する研究の推進も重要である」と述べた．1961 年に成立した災害対策基本法（昭和 36 年法 223 号）では，「台風に対する人為的調節その他防災上必要な研究，観測及び情報交換についての国際的協力に関する事項」について，国がその実施に努めるべきことが明記されている（8 条 2 項 9 号）．

　研究開始の後押しとなったのが，米国 Project Stormfury の北西太平洋での台風に対する実験実施提案（1965）である．当時日本は気象観測用の航空機を所有しておらず米国の実験に参加することで航空機を用いたより詳細な台風観測が可能になると期待された．1970 年に開催された日米の気象学者合同のセミナーにおける北西太平洋での実験の具体的な手法や科学的根拠についての議論を通じて，実験の有用性が理解されると，国内でも実験実施について活発に議論されるようになった（小元 1971）．1965 年の実験提案以来，台風委員会や米国との間では，大使館を通じて繰り返し議論された．当時の議論における主な論点は，「実験を実施する際の陸上の安全性の確保」と「実験の実証性の確保」との両立であった．しかしながら，最終的には合意に至ることができず，1972 年に特別研究「積乱雲の人工制御による雹害防止に関する研究」が終了し，1975 年に実験実施は断念されることとなる．これ以降，気象への人為的介入に関する研究は急速に衰退した．しかし，近年の著しい数値予報モデルおよびシミュレーション精度の向上から，気象を人為的に「制御」する可能性が示唆され，2022 年にはムーンショット型研究開発事業目標 8（以下，「MS8」という）として気象制御研究が開始した．

6.2.3　介入手法の分類

　気象・気候への人為的介入は，その目的や規模，用いる技術などによって分類される．本章では，目的・規模の観点から，気象・気候への意図的な介入手法を，従来から実施されてきている気象改変，豪雨や台風の制御（以下，「極端気象の制御」という），気候工学に分類して，その内容，特徴，課題などをみてみよう（表6.2.2）．

6.2.3.1　気象改変（Weather Modification）

　特定の小規模な気象を引き起こす，または抑制・緩和するための技術であり，人工降雨（Precipitation Enhancement），ひょう抑制（Hail Suppression），霧消散（Fog

Dissipation）などにより，渇水・干魃への対策，農作物への影響軽減などを目的とする．現在世界中で最も多く行われている気象改変は，増雨・増雪を目的にした人工降雨・人工降雪であり，主に自然の雲にヨウ化銀やドライアイスなどの物質をまいて雲の微物理構造を変化させ雲内での雲水から降水への変換効率（降水効率）を改善するシーディング（Seeding：種まき）と呼ばれる技術が採用されている．この気象改変は，その必要性から1940年代以降実施されてきているが，その効果の客観的な見積りを含め，なお研究開発の途上の技術といえる．世界気象機関（World Meteorological Organization）は，気象改変活動の開発および実施に関する加盟国へのガイダンスとして，継続的かつ戦略的な研究を行い，大気プロセスの科学的理解が進むなかで，実証実験を設計・実施すること，そのうえで，影響を受ける可能性のある国や地域の利害関係者や当局と適切な協議を行った上で，継続的な科学的評価の仕組みを維持しつつ，運用を検討するといったプロセスを推奨している．

6.2.3.2 極端気象の制御（Weather Control）

　大雨・集中豪雨をもたらす雨雲や台風を構成する積乱雲の発達を抑制または促進するなどにより，降水域を広げて降水強度を弱めたり，台風の勢力を抑制したりすることで，大雨・集中豪雨や台風などによる気象災害の軽減を目的とする．これまで，1960年代に米国でハリケーン（北西太平洋の台風と同様に北中米において発達した熱帯低気圧）に対して実施されたProject Stormfuryなどがあるが，近年の雲物理などの気象現象への理解向上やシミュレーション技術の進展を踏まえて，新たに研究が進められている（6.2.2参照）．雨雲や積乱雲を制御する点において，気象改変と同様に，クラウドシーディングがその有力な手段となりうるが，そのほかに，例えば台風制御では，台風経路の海域における海水温の低下による積乱雲発達の抑制，海面の摩擦力を上昇させることによる水蒸気流入の抑制など，多方面の手段が検討されているところである．極端気象の制御は，2050年の実現を目指すMS8において制御可能な手法の研究開発を進めているところであり，今後は，見つけられた実現可能性のある技術・手段に応じて屋外実証実験の設計やELSIの検討を進めていく段階ともいえる．

118 地球環境学×*倫理学*

6.2.3.3 気候工学（**Geoengineering**，ジオエンジニアリング）

　地球温暖化の対策のうち，世界規模の気候を意図的に改変しようとする技術的な対策の総称であり，温室効果ガスの削減対策（緩和策）や温暖化に伴う気象・環境の変化への適応策とは別の手法をみなされる．このジオエンジニアリングは，入射太陽光の反射率を増加させて地球システムに入ってくるエネルギーを減少させる太陽放射改変／管理（Solar Radiation Modification/Management: SRM）と，温室効果ガスである二酸化炭素を大気中から取り除く二酸化炭素除去（Carbon Dioxide Removal: CDR）の二つの対策（技術群）に大別される．気象改変や極端気象の制御が，地球環境の変化を意図しない手法であるのに対して，ジオエンジニアリングは地球環境自体を変化させる対策でもある．ジオエンジニアリングには地球温暖化対策における緩和策への関心が下がるモラルハザードを生じうるなどの共通する課題もあるが，各対策技術によって生じるリスク・課題は様々である．

　例えば，SRM の例として，成層圏に小さな反射性の粒子の数を増加させ（エアロゾルとして散乱性の硝酸塩エアロゾルやその前駆物質ガス SO_2 などを注入して），入射する太陽光の反射率を高め，地球温暖化を遅らせるまたは気温を低下させる手法として成層圏エアロゾル介入（Stratospheric Aerosol Intervention: SAI）がある．1991 年のピナツボ火山の大規模な噴火のように，噴火後に成層圏まで舞い上がった火山灰（主に SO_2）が細かな粒子（エアロゾル）となって地球に入射する太陽光を減らし世界平均の気温の低下を生じさせた例があり，SAI の実現可能性が注目された．他方で，SAI では，エアロゾル物質のオゾン層破壊や酸性雨のリスクもあり，世界平均で気温上昇を抑えても地域別にみると気温の低下がみられず（上昇もあり）水循環の変化による地域的な降水の変化なども生じうる．また，地球温暖化の原因である温室効果ガスは削減されてないままでは SAI の効果による世界平均気温の低下は一時的であること（一度 SAI をはじめると継続して実施し続ける必要があること．「終了問題」ともいわれる）もリスクとして挙げられる．

　また，海洋の特定の地域にある低い雲の反射率を高めるために，下層大気（地表付近）に粒子（エアロゾルとして海水などを）を加える海洋雲輝度化（Marine Cloud Brightening: MCB）では，海流などの海洋への変化や南北半球でも大気循

第6章 気象・気候への人為的介入とELSI 119

表 6.2.2 気象・気候への人為的介入手法の整理

手法	気象改変	極端気象の制御	太陽放射改変（SRM）
事例	人工降雨・降雪，降雹制御，霧消散	豪雨の量の緩和・場所移動台風の勢力緩和・進路変更	地球規模や広範囲での太陽放射改変（成層圏エアロゾル介入（SAI），海上雲輝度化など）．以下はSAIを念頭に記載
目的・意図	自然状態の改善環境変化を意図しない	自然災害の軽減，経済社会的便益の向上環境変化を意図しない	人為的な災害の軽減（不注意な気候改変への対抗措置）環境操作を目的とする
手段	クラウドシーディング中心	クラウドシーディング，その他（手法の検討段階）	成層圏に反射性のエアロゾル粒子または太陽光を反射するエアロゾルに変化するようなガスの注入
規模	一般に局地的で短時間	気象改変よりも規模が大きい	大規模（大陸〜地球規模）
実施状況	事業・研究とも屋外でも実施されている	ハリケーンに対して実施されたことがある（6.2.1参照）	実施されていない
気象／気候への影響	目的以外は無いか一時的（頻度にもよる）	目的以外に周辺の気象に影響を与える可能性時間的影響は気候工学（太陽放射改変）より短い	年単位での影響，気温・降水や水循環等の変化を生じるおそれ，地表の直射日光の減少やオゾン・紫外線の変化など．急激かつ持続的な終了は急激な温暖化も招くおそれ（終了問題）
環境への影響	意図しない影響は実証されていないが，可能性は排除はできない	環境への影響は，手法・規模ごとに個別に確認・検討が必要	陸上・海洋生態系の生産性の変化，酸性雨の可能性（硫酸塩使用の場合）など

（橋田ほか 2023 を元に作成）

環の変化などもありうる．このように，SRM にはその効果や副作用に不確実な点も多く，研究は必要であるが実施には慎重であるべきとの共通の認識がある（IPCC 2022）．

これに対して，CDR は経済性（コスト）に対する課題はあるものの，地球環境に対する副作用の観点や，回収・有効利用・貯留（Carbon dioxide Capture, Utilization and Storage: CCUS）によるネガティブエミッションによるネットゼロへの寄与も期待されることなどから，日本でもすでに実証実験が実施されている．

気候工学に分類される手法にはさまざまなものがあるが，以下の検討ではSRM，特にそのうちの SAI を念頭に置いて議論を進める．

6.3 介入にかかわるガバナンスの状況

気象・気候への人為的介入においては，第三者や環境に対する一定の負の影響

が懸念される．また，介入の実効性についても科学的な不確実性が残る．そのため，介入を実施するかどうかは，実施者の自由な意思に委ねられるべきではなく，実施者，管轄国等の関係者を規範的に拘束するガバナンスの仕組みが必要となる．以下では，現時点におけるガバナンスの状況を整理する．

6.3.1 介入活動の法的な許容性

6.3.1.1 軍事的その他の敵対的使用の禁止

1978 年に発効した環境改変技術の軍事的使用その他の敵対的使用の禁止に関する条約（Convention on the Prohibition of Military or Any Other Hostile Use of Environmental Modification Techniques: ENMOD, A/RES/31/72）は，「破壊，損害又は傷害を引き起こす手段として」「広範な，長期的な又は深刻な効果」をもたらす環境改変技術を，軍事的その他の敵対的目的で他の加盟国に対して使用することを禁止している（1 条）．ENMOD は，ベトナム戦争においてベトナム軍の移動を制限するために米国国防総省が実施した人工降雨作戦（ポパイ作戦 1967～1972）を契機として，当時のソビエト連邦の発案により 1976 年に成立した国連条約である（表 6.2.1 参照）．2024 年現在，日本，米国，ロシアを含む 78 の加盟国がある．環境改変技術とは，「自然の作用を意図的に操作することにより地球（生物相，岩石圏，水圏及び気圏を含む.）又は宇宙空間の構造，組成又は運動に変更を加える技術」（2 条）と定義され，気象・気候への人為的介入（6.2.3 参照）の多くは，地球大気中の雲の組成等に影響を与えるものであり，環境改変技術に該当する．条約は，環境改変技術の「平和的目的」での使用は禁止しておらず（3 条 1 項），むしろ加盟国間における科学的および技術的情報の交換を支援する（同 2 項）．ただし，条約に「敵対的使用（hostile use）」を定義する規定はなく，さらに軍事衝突のない平時の段階でも敵対的使用に該当しうるとの解釈が一般的であることから（ただし，Bodle 2010 のように，有事の場合に限定する見解もある），ある人為的介入が敵対的であったかどうかをめぐって理解の対立が生ずる可能性が残されている．

6.3.1.2 越境損害の防止

6.2.3 でみた手法のうち，とりわけ SAI および極端気象の制御に関しては，そ

の規模の点から，国境を超えて負の影響が生ずる蓋然性が高い．越境の類型としては，(i) 介入に使用した散布物質が風や潮流に乗って越境する（小規模な気象改変の場合にも想定される），(ii) 介入に起因して他国や国際公域の気象・気候（風や降水パターンなど）が変化する，(iii) (i) および／または (ii) に起因して，自然の生態系が影響を受ける，(iv) (i) から (iii) までの全部または一部に起因して，関係国・地域間に政治的な対立等が生ずるといったことが考えられる．

まず，各国家は，確立した国際慣習法として，自国の活動から生ずる他国への越境環境損害を防止する義務を負う．また，活動前の越境環境影響評価（越境EIA）の実施および他国への情報提供等が義務付けられる（環境と開発に関するリオ宣言第17原則，第19原則など）．介入の手法として公海を含む海洋への物質散布を伴う場合は，廃棄物その他の物の投棄による海洋汚染の防止に関する条約（ロンドン条約）およびその改正議定書ならびに国連海洋法条約の規定に従って活動の適法性が審査される．

各種の国際文書は，環境影響が生ずるかどうかについて科学的な確実性が欠けている段階であっても，禁止等の予防措置をとることを正当化する（いわゆる予防原則／予防的アプローチ．リオ宣言第15原則，気候変動枠組条約（UNFCCC）3条3項など）．しかしながら，とりわけ気候工学および極端気象の制御は気候変動がもたらす負の影響に対応するものであり，介入がもたらすかもしれない環境影響を予防するために介入活動が抑制されたとしても，気候変動や極端気象による負の影響は依然として存在し続ける点に特徴がある（6.4.1参照：リスク対リスク，予防対予防の構造．Robbins 2021）．

なお，生物多様性条約第10回締約国会議（COP10）では，予防原則および条約14条（影響の評価及び悪影響の最小化）に基づき，小規模実験を除く気候工学を停止する旨の決議（事実上のモラトリアム）が採択されている．

6.3.1.3　国内法制（条約の実施法を除く）

クラウドシーディングによる気象改変については，日本を含む50以上の国ですでに実施されており，民間主体の活動に対する許可制度等が整備されている法域もある（Simon 2024）．たとえば米国の連邦レベルでは，1971年に気象改変報告法（Pub. L. 92-305, 85 Stat. 735, December 18, 1971：合衆国法典第15編第9A章）

が成立した．同法は，連邦政府以外の主体による米国内・領内での気象改変活動を原則として禁止し（§ 330a），これを実施しようとする場合は，実施の 10 日前までに実施者，実施日，目的，地理的な情報，装置等の技術情報，安全措置等の情報を海洋大気庁（NOAA）に報告をすることを義務付ける（規則 § 908.4 (a)）．対象となる気象改変活動は，大気の組成，挙動，力学に人為的な変化を生じさせることを意図して行われるものであり，6.2.3 でみた気象改変に限らず，豪雨・台風のような極端気象の制御，気象工学に分類される SAI も含まれる．また，米国とカナダの間では，気象改変活動に際して相互に報告を義務付ける協定が結ばれている（Agreement Between Canada and the United States of America Relating to the Exchange of Information on Weather Modification Activities, E103819 - CTS 1975 No. 11）．さらに，州内での活動について，独自に許認可制度を設ける州（テキサス州, カリフォルニア州など）のほか, 意図的な気象改変活動を禁止する州（テネシー州）もある．

　日本で行われた人工降雨（小河内発煙所における人工降雨操作（表 6.2.1 参照））に際して，特別な許認可制度は設けられていない．

6.3.2　事後的な救済

　介入の影響により被害が生じた場合は，損害賠償等の方法による事後的な救済が課題となる．日本では，現在のところは，気象・気候への介入を対象とした特殊な賠償規範は存在しないため，基本的には一般不法行為法（民法）に従って実施者の責任の有無が判断される．一般不法行為責任は，故意または過失によって他人の権利または法律上保護された利益を侵害した場合に，これによって生じた損害について成立する（民法 709 条）．越境損害が生じた場合は, 国際私法によって確定する準拠法の規定による．たとえば，日本の実施者が被告となる場合や日本で結果が発生した場合には日本の裁判所に管轄権が認められ（民事訴訟法 3 条の 2, 3）, 日本の国際私法（法の適用に関する通則法）に従って準拠法が定まる（原則として結果発生地法となる．法適用通則法 17 条本文）．

　国家が条約または国際慣習法において義務付けられる事前通知等を怠った場合は，これによって他国に生じた損害に対して国家責任を負う可能性がある（2001 年国際違法行為に対する国家の責任に関する条文）．

6.3.3　研究段階におけるガバナンス

6.2.3 でみたように，介入手法の多くは現時点では研究開発の段階にあり，気象学的なメカニズムや介入の影響だけでなく，実施の規模や工学的手法についても確定していない．この時点で，活動の影響やリスクを評価し，適切な法規範を適用または形成することは非常に困難である．しかし，リスクが明らかとなる段階では，すでに一定の時間的・費用的な投資が進んでおり，リスクに対応して計画を中止したり変更したりすることは容易ではない状況が想定される（いわゆる「技術管理のジレンマ」：Collingridge 1980）．そのため，リスクが不確定な段階から ELSI を意識し，想定される課題に応接した自律的なガバナンスを実施することが重要となる（MS8 では，このような進め方を，EU における助成プログラム Horizon 2020 にならって，責任ある研究・イノベーション（Responsible Research and Innovation, RRI）と表記する）．気象・気候への人為的介入に関しては，英国王立協会（The Royal Society 2009），世界気象機関（WMO 2017），米国地球物理学連合（AGU 2024）等の機関が作成したガイダンス文書が公表されている．

6.4　介入をめぐる倫理的な課題
6.4.1　気象・気候への人為的介入の不確実性

気象・気候への人為的介入をめぐる倫理的な課題を検討する上で，科学技術の不確実性を避けることはできないだろう．科学技術に不確実性が伴うことは，今や広く共有された前提とも言うべきものであり，この前提は気象・気候への人為的介入にも当てはまる．とりわけ，気象・気候への人為的介入，とりわけ気候工学については，そこで用いられる技術がもたらす影響には不確実性があるため，人為的介入の実施には慎重な検討が必要であることが指摘されてきた（Stilgoe *et al.* 2013）．それゆえ，気候工学技術の実験は，大規模なものだけではなく，小規模なものであっても困難が伴う（見上 2024）．このような実験の困難性は，気候工学技術の影響をさらに不確実なものとするかもしれない．なぜなら，気象・気候への人為的介入とそれによってもたらされうる様々な影響との因果関係を科学的にも判断できず，さらには因果関係の判断方法さえ不明なままとなりうるからである．

気象・気候への人為的介入がもたらしうる影響は，次の二つに分けることがで

きるだろう．一つは正の影響，すなわち人為的介入がもたらす恩恵であり，もう一つは負の影響，すなわち害悪である．それぞれの不確実性について，さらなる検討を加えてみたい．

正の影響において問題となるのは，気象・気候への人為的介入がどの程度，どれくらいの期間恩恵をもたらすのかが不確実なことである（見上 2024）．Stephen M. Gardiner によれば，気象・気候への人為的介入を行う気候工学は，気候変動の原因を除去する試みに比して悪しき行いではあるものの，気候のカタストロフィに比べて「ましな悪（the lesser evil）」であり，必要に備えて研究すべきものである（Gardiner 2011）．したがって，仮に恩恵をもたらさないものであれば，気候工学は「ましな悪」とはならず，研究すべきものと位置づけることはできない．しかし，気候工学技術の実験が困難であること，それに伴い因果関係の判断が困難であることによって，人為的介入が恩恵をもたらすか否かそれ自体を明らかにすることもまた容易ではない．

また，気象・気候への人為的介入は，実施にあたって一定のコストを要する．さらには，後に指摘するように，実施に伴うリスクも指摘できる．これらのコストやリスクを誰が，どの程度負担すべきなのだろうか．この問題は，人為的介入の恩恵が（少なくともある程度）確実性を有する場合であっても困難なものである．人為的介入がもたらす恩恵の有無や程度が不確実な状況において，その困難性はより高まる．

ここまで気象・気候への人為的介入による正の影響に関する不確実性を見てきたが，より問題となるのは，害悪の不確実性かもしれない．想定される害悪には，自然環境の（さらなる）悪化，生態系への悪影響，他地域での災害の発生等，深刻なものも多く含まれる．これらの害悪は，たとえ小規模な気候工学技術の実験であっても生じるかもしれず，実験の実施にあたって慎重な検討が必要となる（見上 2024）．実験が実施できないとすれば，気象・気候への人為的介入とこれらの害悪との因果関係を明らかにすることもできず，害悪の不確実性を解消することはさらに困難となるだろう．

このような害悪の不確実性を検討する際には，気象・気候への人為的介入が不可逆であること（The Royal Society 2009）を無視することはできない．なぜなら，不可逆的な害悪が生じるのであれば，予防原則（precautionary principle）に基づき，

気象・気候への人為的介入をするべきではない（Joronen, *et al.* 2011）と考えられるからである．1994年に発効した国連気候変動枠組条約にも盛り込まれた予防原則は，今日の環境問題における重要な倫理原則として位置づけられる．

しかし，予防原則に対しては根強い批判があることも事実である．代表的な批判として，予防原則が要求する規制それ自体が害悪をもたらす可能性があるため，予防原則は規制と同時に規制を控えることも要求せざるをえず，規制の指針として機能しないというものが挙げられる（Sunstein 2005）．気象・気候への人為的介入に当てはめれば，予防原則は，生じうる害悪を避けるために気象・気候への人為的介入の規制を要求しつつ，同時に気候のカタストロフィを避けるために人為的介入の規制を控えることを要求することになる．

このような批判を踏まえ，Byron Williston は，害悪をもたらすとして気候工学技術の規制に賛成する者も，気候変動への実行可能な対応策として気候工学技術の規制に反対する者も予防原則を援用できるため，さらなる規範的根拠が示されなければならないと指摘する（Williston 2024）．続けて Williston は，我々が気候変動に関する予防的措置をなすべき根拠として，① 予防的措置をなさないことが権利の広範な侵害につながるという義務論的根拠，② 予防的措置をなさないことが我々と他の人間社会の他のメンバーとの間の黙示的な契約の条件を侵害するという契約主義的根拠，③ 予防的措置をなさないことが強欲や利己性のような好ましくない性格特性を示すという徳倫理的根拠，④ 予防的措置をなさないことが効用や幸福の最大化に失敗するという功利主義的根拠，の四つを候補に挙げる（Williston 2024）．気象・気候への人為的介入に対して予防原則を適用する場合も，同様に規範的な根拠を示す必要があるだろう．ここでそれぞれの立場からの検討を行うことはできないが，いずれの立場を採用するにせよ，気候変動や気象・気候への人為的介入を倫理的観点からどのように評価するかが問われることになるだろう．

また，気象・気候への人為的介入自体がもたらす恩恵や害悪のほかに，介入技術のデュアルユース性に根ざした影響にも目を向ける必要があるだろう．デュアルユースという概念は，ある科学技術の成果が軍事用途と民生用途のいずれにも応用可能であるという「軍民両用性」と，ある科学技術が公共の利益に資する利用と社会に負の影響をもたらす悪用・誤用の両方に開かれているとする「用途両

義性」という二つの意味で使われてきた．前者の軍民両用性をめぐっては，気象・気候介入技術が気象・気候災害対策として有望と考えられる一方で，こうした技術が軍事目的で使用される可能性は否定できない（実際にアメリカ海軍が関与していた Project Stormfury の例もある．6.2.1 参照）．もし敵国の気象・気候に甚大な影響を及ぼしうる兵器が実際に開発されるならば，多数の民間人の生命が脅かされ，各国の軍事・科学技術振興・輸出管理の戦略にも影響が生じうるだろう（6.3.1.1 参照）．後者の用途両義性については，気象・気候介入にかかわる研究成果や技術がテロリストのような悪意をもった人物の手に渡る場合，予期せぬ方法で悪用されるかもしれない．こうした悪用リスクについて，研究成果を第三者が悪用する可能性を予見することは著しく困難である上に，悪用がもたらす影響は第三者の意図や能力に大きく依存するという点で不確実性がある（Tucker 2012）．技術のデュアルユース性がもたらす不確実性に対処する上で予防原則が機能するかどうかをめぐっては，この文脈における予防原則の解釈を含めた議論が続いている（片岡他 2022）．

6.4.2　正義

　気象・気候への人為的介入の典型である気候工学は，正義の観点からも論じられてきた．台風を始めとする極端気象の制御についても，正義の観点からの考慮が組み込まれなくてはならない．正義がとりわけ重要なのは，正義が単に為されなくてもよいが為されるなら素晴らしいこと（余分の務め：supererogation）ではなく，義務，とりわけ国家や社会の義務と結びついていると考えられているからである．無論正義には複数の意味があり，また研究・開発における正義と社会実装段階における正義も区別しうる．だが，ここでは主として社会実装段階における正義について考え，中でも分配的正義（distributive justice）および手続き的正義（procedural justice）にのみ論究したい．

　何らかの財（負の財も含め）をどのように分配することが正義に適うのか．これが分配的正義と呼ばれる問題であるが，新規技術が往々にしてこの分配的正義の問題を生じさせることは容易に看取されよう．というのも，一般に技術の社会実装が与える潜在的なインパクトには，正負両方の影響があり，多くの場合，そうした影響は地理的にも世代的にも不均等な形でもたらされるからである．実際，

第 6 章　気象・気候への人為的介入と ELSI　127

気候工学の文脈でも，Svoboda *et al.* は，6.2.3 で言及した SAI のような手法はアフリカやアジア等の概して貧しい地域の降水量を減らし，食糧や水の供給を困難にする可能性があり，分配的正義の観点から問題があると批判する（Svoboda *et. al.* 2011）．一方，気候変動や極端風水害自体によって深刻な害悪を被るのは，とくに脆弱な人々や国家である．そうだとすれば，気候への人為的介入によってそうした害悪を軽減することこそ分配的正義の要請だとも言えるかもしれない．よって，SAI 含め SRM の研究は先進国にとっての道徳的義務だと主張する論者もいる（Horton and Keith 2016）．

　極端気象の制御についても分配的正義の問題は生じる．とくに台風制御は台風の進路やタイミングを変える可能性がある．そのため，減災効果と同時に災害リスクの押し付けの可能性ももたらしかねない．台風制御は，ある地域における台風の被害を防ぎ得たとしても，他の地域に別の形で被害を与えるかもしれないのである．台風制御の社会実装にあたっては，このような影響が分配的正義に適うのかを考える必要があろう．たとえば，台風の被害に遭いやすい地域は，災害による社会経済的機会の損失リスクに関して元々不平等な地位にある．したがって，台風制御は，社会経済的機会の平等化を通じた分配的正義への一手段と位置付けられるかもしれない．

　さらに，正負いずれにせよ気象・気候への人為的介入は，世代を超えた長期にわたる（場合によっては不可逆な）影響を伴う．したがって，人為的介入の正義に関する十全な評価を行うためには，未だ存在しない将来世代への義務の有無・内容を論じる世代間正義（intergenerational justice）の視点からの評価も欠くことはできないだろう（Meijers 2023）．

　分配的正義のような実質的な正義は極めて論争的である．だからこそ，多くの論者は，それを社会実装する際の決定手続きの公正さ，すなわち手続き的正義への配慮も（あるいはそれこそが）重要であると考える．決定手続きにおける公正さは，決定内容の正しさの実現可能性を高めるという道具的価値も持ちうる．だが，当該決定にかかわる人々を等しく尊重・承認する意味で，道具的価値に還元できない重要性があると多くの場合考えられている．

　もちろん，「どのような手続きであれば公正なのか」も論争的である．だが気候工学の文脈では，(1) 一国や少数の超大国による一方的な決定・実施ではなく，

できるだけ多くの国が参加・包摂されるべきであること，（2）超大国と途上国との間の巨大な交渉力の格差を是正・縮減するような意思決定の仕組みが考慮されるべきであること，（3）決定過程の公開性や批判可能性が制度的に担保されるべきであること，等々は手続き的正義の内容として概ね共有されていると言えよう（Svoboda *et al.* 2011; Hourdequin 2021; Callies 2023）．

こうした手続き的要請は，台風制御技術についても当てはまる．台風制御技術の社会実装にあたっては，たとえばどの程度の被害規模の台風に対して介入するのかについて集合的な決定は避けられない．たしかに台風制御は，全地球・全人類規模の影響射程を直ちに持つわけではない．しかし，台風制御が少なくとも一国内に広い影響を及ぼしうる以上，国内の多様なアクターの包摂とその間の交渉力格差の是正，決定過程の制度的整備は必要である．さらに，台風制御の影響が近隣諸国にまで及ぶとすれば，多国間レベルでの意思決定の公正な手続きを，正義は要求することになろう．

6.4.3　環境倫理

環境倫理学は環境問題について倫理学の立場からアプローチする研究分野である．この分野は 1970 年代にアメリカで誕生し，1990 年代に日本に導入された．その主題やアプローチは，ほかの環境関連分野（環境社会学など）や国際政治の影響を受けながら変遷を遂げてきたが，年代を通じて自然と人間の関係をめぐる倫理，とりわけ人為的な自然操作（自然破壊や開発）の倫理は，環境倫理学の主要なテーマとして研究の蓄積がなされている．

気象・気候への人為的介入もまた人為的な自然操作であるため，その倫理的是非を問うことは環境倫理学の営みの一角をなす．人為的な自然操作としての気象制御や気候制御に対して，既にいくつもの倫理的問題が指摘されている．Jamieson によれば，多くの環境問題は，人間の欲求充足を目的として自然を操作しようとする人間の試みに起因する（Jamieson 1996）．既に研究開発が進展している極端気象の制御や気候工学についても，人間の持続可能な安全な暮らしを目的とする点で，人間の欲求充足を目指すものである．では，人間の欲求充足を目的とする自然操作にはどのような問題があるのか．第一に，そうした自然操作を実行する際の前提となる「われわれ（人間）は自然を操作できる」という自己認

識は「人間の傲慢さ」の表れだとする指摘がある（Jamieson 1996）．第二に，自然操作は望ましくない帰結を引き起こすと警鐘を鳴らす論者もいる．たとえば，Joronen *et al.* によれば，意図的な気象制御は，天候を偶然のものから介入・選択の対象とすることへの転換であり，その恩恵を被る勝者とリスクを負う敗者を選び出すことにほかならないため，意図的な気象制御は倫理的に許容されない（Joronen *et al.* 2011）．また，自然介入の間接的な帰結に注目する見解として，気象制御や気候制御が推進された結果，気象・気候災害の激甚化の直接的な原因への関心や対策が手薄になること，つまり「モラルハザード」が起こりうることも懸念されている（Preston 2013, p.25 ; 杉山 2021, p.165）．こうした自然操作が招く望ましくない帰結を回避するためには，特定の自然操作の受益者として，自国民や同時代の人々に限定されていないかを見直すこと，つまり非利己的な視座が求められるだろう．

　たとえ，人間が確実な気象制御技術を手にし，望ましくない帰結を回避できたとしても，自然介入それ自体が依然として倫理的問題を含むものであり続けるのだろうか．たとえば台風制御技術に対して，台風災害の激甚化によって傷ついた自然環境を激甚化前の姿へと回復させる「自然再生」の側面を見出せないだろうか．従来の環境倫理学では，「人の手が加わっていないウィルダネスこそが本物の自然である」という前提のもと，自然再生は批判の対象とされていた（cf. Elliot 1982; Katz 1992）．これに対して，Light は，好意的再生（benevolent restoration）と悪意のある再生（malicious restoration）の区別を導入し，前者は倫理的に推奨される自然再生であると主張する（Light 2009）．好意的再生は，非人間中心主義的な視座に根差しており，自然が自律的に復元していくことの支援となるため推奨されうる．他方で，悪意のある再生には，別の場所で行われる開発の埋め合わせとしてなされる自然再生や元々あった自然の代替不可能性を度外視した自然再生が該当するが，これらは欺瞞的であるため許容しがたい．以上の自然再生擁護論は，気象・気候への人為的介入の望ましいあり方を考える上で有用な足場を提供するかもしれない．

6.5　おわりに

　本章では，気象・気候に人為的に介入する技術（気候工学，極端気象の制御，

気象改変）について，ELSI という観点から論点を整理してきた．気象・気候への人為的介入の多くは，人類の活動の影響によって生じた気候変動や極端気象というすでに生じてしまった負の影響を軽減することを目的に研究が進められているものである（6.2.3 参照）．そのため，予防原則の適用（6.3.1.2，6.4.1），自然への介入の是非（6.4.3）に関しては，伝統的な環境倫理・正義，環境ガバナンスの文脈とは異なる論点整理を行う必要があった．その一方で，SAI や極端気象の制御のほか，介入のために散布した物質が越境して飛散する場合（6.3.1.2 参照）については，介入に近接した負の影響が第三者に生ずる可能性がある．この場合には，分配的正義にかかわる伝統的な議論のフレームを用いて人為的介入の是非を論ずることができた（6.4.2）．

　本章における論点整理・検討は，すでに人類が直面しつつある過酷な地球環境に対して，今後，我々はどのような決断を行うべきなのかという課題意識にもとづいている．我々は，人類の活動の影響によって生じた気候変動や極端気象をも「自然」として受け容れるべきなのか，気象・気候に人為的に介入するという選択肢を持ちうるのか，それはどのような条件のもとで可能となるのかを，地球上の全人類にかかわる課題として，世代や空間を越えて包摂的に議論しなければならない．

付記
本研究は，JST ムーンショット型研究開発事業（JPMJMS2282-3）の支援を受けた.

参考文献
小元敬男（1971）熱帯性積乱雲の気象調節に関するセミナー報告．天気，18 (12), 605-616.

片岡雅知・小林知恵・鹿野祐介・河村賢（2022）デュアルユース研究の倫理学——費用便益分析を超えて．ELSI ノート，Vol. 19.

環境省（2023）気候変動による災害激甚化に関する影響評価結果について～地球温暖化が進行した将来の台風の姿～．

杉山昌広（2021）『気候を操作する——温暖化対策の危険な「最終手段」——』KADOKAWA.

中村政雄（1975）気象と人工制御．そんぽ予防時報，102, 35-43.

中村政雄（1978）科学の最前線 台風のコントロール．科学の実験，29 (7), 580-581.

橋田俊彦・笹岡愛美・筆保弘徳（2023）気象制御の屋外実験までに必要な対処等に関する予備的考察～気象改変と気象工学からの示唆～．日本気象学会 2023 年度春季大会講演予稿集，123, 227.

見上公一（2024）気候工学．標葉隆馬＝見上公一編『入門科学技術と社会』ナカニシヤ出版.

第 6 章　気象・気候への人為的介入と ELSI　131

水野昭（1971）台風委員会とその活動. 日本エカフェ協会調査資料月報, 4 (10), 15.

読売新聞（1947）思う時・思う所へ雨や雪 本格的な人工調節 米国気象局が"製造局". 1947 年 10 月 29 日朝刊, 2.

AGU（2024）Ethical Framework Principles for Climate Intervention Research, October 2024.

Bodle, R.（2010）Geoengineering and International Law: The Search for Common Legal Ground. 46 TULSA L. REV. 305.

Callies, D. E.（2023）The Ethics of Geoengineering, in Gianfranco, P. and Di Paola, M. (eds.), *Handbook of Philosophy of Climate Change*. Springer Nature, 919-937 (928-929).

Collingridge D.（1980）The social control of technology, Pinter.

Elliot, R.（1982）Faking nature, Inquiry 25, 82-91.

Gardiner, S. M.（2011）*A Perfect Moral Storm: The Ethical Tragedy of Climate Change*. Oxford University Press.

Gentry, R.C.（1970）Hurricane Modification Project: Past Result and Future Prospects. *The Space Congress Proceedings*, 3, 19-28.

Havens, B.S.（1952）History of Project Cirrus, General Electric Research Laboratory, RL-756.

Horton, J and Keith, D.（2016）Solar Geoengineering and Obligations to the Global Poor, in Preston, C. (ed.) *Climate Justice and Geoengineering: Ethics and Policy in the Atmospheric Anthropocene*. Rowman & Littlefield, 79-92.

Hourdequin, M.（2021）Climate Change, Climate Engineering, and the 'Global Poor': What Does Justice Require? in Gardiner, S. M., McKinnon, C. and Fragniere, A. (eds.), *The Ethics of "Geoengineering" the Global Climate: Justice, Legitimacy and Governance*. Routledge, 41-59.

Intergovernmental Panel on Climate Change（2022）Climate Change 2022-Mitigation of Climate Change-. Working Group III Contribution to the Sixth Assessment Report of the Intergovernmental Panel on Climate Change.

Jamieson, D.（1996）Ethics and intentional climate change. *Climatic Change, 33*, 323-336.

Joronen, S. *et al.*（2011）Towards weather ethics: from chance to choice with weather modification. *Ethics, Policy and Environment,* 14 (1), 55-67 (63-64).

Katz, E.（1992）The Big Lie: Human Restoration of Nature, in Ferré F. (ed.) *Research in Philosophy and Technology.*

Langmuir, I., Schaefer, V.J., Vonnegut, B., Maynard, K., Smith-Johannsen, R., Blanchard, D., and Falconer, R.E.（1948）Final Report Project Cirrus, RL-140.

Light, A.（2009）Ecological restoration and the culture of nature: a pragmatic perspective, in D. M. Kaplan (ed.) *Readings in the philosophy of technology*. Rowman & Littlefield, 452-467.

Meijers, T.（2023）Climate Change and Intergenerational Justice, in Pellegrino, G. and Paola, M. D.(eds.), *Handbook of the Philosophy of Climate Change.* Springer, 623-645.

Preston, C.J.（2013）Ethics and geoengineering: reviewing the moral issues raised by solar radiation management and carbon dioxide removal. Wiley Interdisciplinary Reviews: *Climate Change, 4*, 23-37.

Rayner, S. *et al.*（2013）The Oxford Principles. *Climate Change,* 121, 499-512.

Robbins, K.（2021）Geoengineering and the Evolution of Dueling Precautions, in Burns, W. *et al.* (eds.), *Climate Geoengineering: Science, Law and Governance*, AESS Interdisciplinary Environmental

Studies and Sciences Series, 458.

Simon, M.（2024）*Learning from Weather Modification Law for the Governance of Regional Solar Radiation Management.* Springer.

Simpson, R. H. and J. S. Malkus（1964）Experiments in Hurricane Modification,.*Scientific American,* 211 (6), 37.

Stilgoe, J. *et al.*（2013）Public Engagement with Biotechnologies Offer Lessons for the Governance of Geoengineering Research and Beyond. *PLOS Biology,* 11 (11), e1001707.

Sunstein, Cass（2005）*Laws of Fear: Beyond the Precautionary Principle.* Cambridge University Press.

Svoboda, T. *et al.*（2011）Sulfate Aerosol Geoengineering: The Question of Justice. *Public Affairs Quarterly,* 25:3, 157-179.

The Royal Society（2009）Geoengineering the Climate: Science, Governance and Uncertainty.

Tucker, J.B.（2012）Review of the Literature, in Jonathan B. Tucker (ed.), *Innovation, Dual Use and Security: Managing the Risks of Emerging Biological and Chemical Technologies.* MIT Press, 19-44.

U.S. Department of Commerce/Environmental Science Administration（1967）Project Stormfury. *ESSA Fact Sheet,* 12.

Williston, B.（2024）*The Ethics of Climate Change: An Introduction, Second Edition.* Routledge.

Willoughby, H.E., Jorgensen, D.P., Black, R.A. and Rosenthal S.L.（1985）Project STORMFURY: A Scientific Chronicle 1962-1983. *Bulletin American Meteorological Society,* 66 (5), 505-514.

World Meteorological Organization（2017）Decision 53 (EC-69) Plans and guidance for weather modification activities.

| 第7章 | 地球環境学 × *民族学* |

アマゾン熱帯林の保護と
グローバルサウスの人々

池谷 和信

本章では，欧米や日本などのグローバルノースを中心として地球の環境思想のグローバル化が進行する中で，グローバルサウスの地域の中で国や周辺部でどのような問題が生じているのかを明らかにする．エクアドル政府は，熱帯林の保護を主張する先進国からの資金提供があれば国内のある国立公園の油田開発をしないとしたが，十分な資金は先進国から集まらなかった．自然保護区に接する先住民の村では，石油開発にともなう利益の一部が国より配分されるが，先住民全体に分配されてはいない．これらの問題を解決するには，地球，国家，地域という3つの異なる空間スケールを設定して，それぞれに応じてグローバルサウスの国や低所得者層のみた社会正義のあり方を論議することが重要である．

7.1 地球環境と社会不正義

現代世界は，グローバル化の時代であるといわれる．もの，人，お金，食糧，感染症など，ありとあらゆるものが，国境を越えて世界中に広まっている．そして，現代思想や環境倫理などもまた同様である．例えば，自然環境を守ることを進める自然保護思想も，人間が居住できない自然保護区の面積を拡大しようとする思想もまた，地球温暖化問題の深刻さが叫ばれる中で，SDG s や持続可能性などのキーワードとともに世界中に広がっている（池谷 2011）．

一方で，このようなグローバル化が進行する中でこれとは異なる動きも見出すことができる．それは，世界のグローバル化に抵抗することで，世界各地で地域に限定された個性がつくられていくことである．このように動きは，「グローカ

ル化」といわれる．例えば，アメリカのイエローストーン国立公園では公園内に
暮らす先住民を園外に移動させることで公園を保護・管理してきたが，日本にお
ける世界遺産・白神山地にみられるように，公園内で一部の人間活動を許容して
きた事例も見いだせる（池谷編 2003）．

　そこで本章では，欧米や日本などグローバルノースを中心として地球の環境思
想のグローバル化が進行する中で，グローバルサウスの地域の中でどのような問
題が生じているのかを明らかにする．例えば，現在，地球温暖化の防止のために
炭素の排出量の制限がなされているが，実際，排出量が多いのはグローバルノー
スの地域であり，中国やインドのような中進国であるといわれる．グローバルサ
ウスの人々は，このような問題にそもそも関心があるのだろうか．2022 年にエ
ジプトで開催された COP27 において温暖化防止のための気候資金を誰が負担す
るのかという議論がなされているが，炭素排出量の大きい先進国から十分な資金
が集まっていないという現実がみられる．つまり，現時点では，この問題をめ
ぐっては先進国側の気候正義に関して社会不正義の態度がよく示されていて，グ
ローバルノースとグローバルサウスが協働して地球環境問題を解決する方向には
いたっていない．

　ここでは，地球温暖化の問題と密接に結びつくとされる熱帯林の開発と保護に
焦点を当てる．地球全体では，熱帯林の保護によって植物の光合成が生まれて二
酸化炭素を酸素に変えてくれるものとみなされている．しかしながら，現代の
世界では，熱帯林を大規模に伐採して牧場や農地の造成が進行して鉱山開発な
どが各地で行われており，世界の熱帯林の面積は大幅に減少している．例えば，
南米のアマゾンで最大の面積を占めるブラジルアマゾン熱帯林は，1970 年頃の
森林面積を 100％とした場合に，1986 年に 93.7％，2000 年に 87.9％，2018 年に
82.7％へと年々減少を続けている（図 7.1.1）．ここでは，世界の 3 分の 2 の面積
を占めるとされるアマゾン熱帯林を対象にして森林の保護と国家や地域住民との
かかわり方について論議する（Garrett *et al.* 2021; Qui *et al.* 2023）．

　筆者は，2004 年から現在までエクアドルとペルーのアマゾンにおける先住民
の村を断続的に短期間滞在して，主として先住民の狩猟採集や焼畑など，自然に
依存した生業を中心にすえた暮らしを対象にした現地調査をしてきた．そして，
森林を破壊することなく非木材森林産物（NTFPs: ノン・ティンバー・フォレスト・

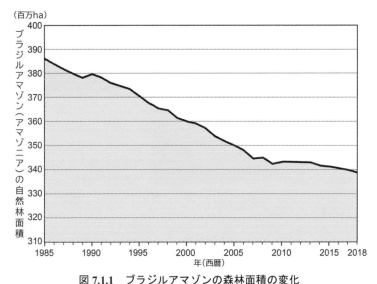

図 7.1.1 ブラジルアマゾンの森林面積の変化
1985～2018年，単位：百万 ha．Butler（2020）をもとに作成．

プロダクツ）のような自然資源の利用をとおして森と人とがどのように共存できるのか，その方法を考えてきた．

7.2 アマゾンと熱帯林保護：国のスケール

　南米・アマゾンは，世界最大の流域面積を持つアマゾン川の流域に広がり，地球最大の面積を有する熱帯林である．ここの拡がりは，ブラジル北部を中心にコロンビア，エクアドル，ペルー，ボリビア（この地域は熱帯林ではなくてサバンナ景観）の一部にわたり，日本列島のおよそ20倍の面積を有する．そして，現在，世界的に注目されているのがアマゾン熱帯林の保護と管理である．アマゾン熱帯林は，地球のそれの3分の2を示し，植物の光合成によって二酸化炭素を酸素に変えることから「地球の肺」ともいわれている．しかしながら，16世紀にスペイン人によるこの地域の侵入から現在までの約500年は，外部者による開発の歴史であったといわれる（丸山2023）．19世紀には森林のゴムブームが起きて，アマゾン各地で天然ゴムが採取されて，天然ゴムは欧米に運ばれていた．
　20世紀に入ると，アマゾンの至る所で大規模な森林破壊が進展した（図7.2.1）．

図7.2.1 エクアドルアマゾンの町でみた伐採された熱帯林
2010年池谷撮影.

それらの中でよく知られているのが，ブラジルのアマゾン川の支流，シングー川上流域の水力発電所の建設である．ここでは，ダム建設によって複数の民族の土地が水面下に沈むことになった．また，エクアドルのアマゾンでは，戦後に石油が発見されてアメリカの巨大企業シェルによってパイプラインが建設された．さらに，牛肉の市場に出荷することを目的として各地で牛牧場の建設が進められてきた．これは，森での火入れの跡に家畜囲いをつくっての牛を飼育するための牧場の建設であった．これには，ヨーロッパからの移民の多い南米の食文化も関与している．これはまた，アマゾン低地で現在も維持されている生業である焼畑と同様に，アマゾンの熱帯林破壊の主な原因であるとされてきた．

ここで，興味深い点は，エクアドルの事例は他のグローバルサウスの国（例えば，アフリカ南部のボツワナ）とは違って，国の中でアマゾンに暮らす先住民が権利獲得に成功している点である[1]．次節で言及する先住民ワオラニの場合，国内でワオラニリザーブ（ワオラニが居住できる地域）の地域範囲が設定されていたほか（図7.2.2），エクアドル政府が石油会社による収益を獲得する中で，先住民にも収益の一部が配分されてきた点である．さらに，現在は，民族内の紛争によって治安の悪化のために先住民ワオラニの村へのアクセスは難しいが，かつてはエコツーリズムのもとに観光客の訪問を受けていた部分もみられる（池谷 2010a; 2010b）．

そして近年，エクアドルのアマゾン熱帯林の保護について，国際的な視点から新たな展開がみられる．2010年にエクアドルの政府が国連開発計画（UNDP）との間で協定を結び，国内のヤスニ国立公園に関してヤスニITT信託基金を設立した点である．これは，エクアドルの国民にも支持されていたという．そして，政府は，

第7章 アマゾン熱帯林の保護とグローバルサウスの人々　137

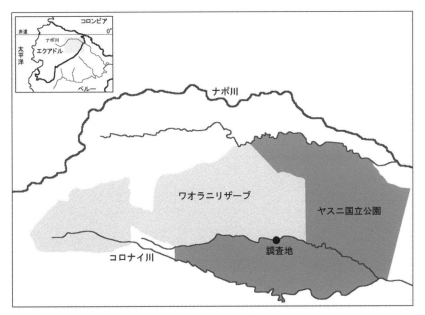

図 7.2.2　調査地の位置
エクアドルのワオラニリザーブとヤスニ国立公園の境界に位置する．池谷（2010a）．

開発によって得られる推定利益の半額に相当する 36 億米ドルを国際社会が出資すれば，ここでの石油採掘を永久的に行わないことを約束したのである．しかしながら，結局は予定の 0.3%しか資金が集まらなかった．その結果，2013 年 8 月 15 日，南米エクアドルのコレア大統領が，国内のヤスニ国立公園で油田開発を再開する方針を発表した．このヤスニ国立公園は 1989 年からユネスコの生物圏保存地域に指定されているように，すぐれた自然保護区であるが，この保護区を維持することが世界的な地球温暖化の問題とつながらなかったということである．

　これらのことは，世界の世論は，とくに先進国ではアマゾンでの開発を止めることを望んでいるが，それを実行するためには温暖化の原因とされる二酸化炭素を排出している国からの財政援助がなされないことを示している．中国やインドを含む G20 の国の中でこれに答える国はなく，ヤスニ国立公園は，豊かな自然が維持されてきたアマゾンを代表とする森であるが，政府サイドからは開発せざるを得ないという声明が出されたことは残念であった．

138 　地球環境学×民族学

　一方で，ヤスニ国立公園における森林伐採に対しては，フランスの主導により，反対運動が行われている．この公園には，フランスが資金提供する「TerrAmaz」プログラムによる5つのパイロット地区があり，アマゾン熱帯林の保護と持続可能な開発を両立するような活動を2020年以降にサポートしている（アルファロ2022）．

　以上のように，本節ではエクアドルと世界の国々との地球温暖化をめぐるポリティクスをみることができた．アマゾンの森を保護することを支持する先進国の人々は自然保護区を維持することに理解はあるものの，各国の政府が保護区の維持のために資金を提供するようなことはない．また，国内をみてみると実際にそこで暮らす人々の暮らしを軽視していない点は注目される．森の環境保全と人々の資源利用とのかかわり方を考えるには，世帯レベルと地域レベルで主体の違いを考慮して，両者のあいだの調和を考えなくてはならないであろう．

7.3　地域住民のまなざし：村のスケール

　エクアドルは，国土の3分の一は，アマゾン熱帯林が占めている．首都のキトはアンデス高地にある標高2800mの都市であるが，そこから東へ飛行機で30分も移動するとアマゾン地方の中心地であるオリエンテ県のコカに着く．そこは，アマゾン川の支流でありペルーに流れるナポ川の上流部に当たり，そこから車か船でアマゾンの支流部に行くことができる（図7.2.2）．筆者は，民族内の紛争による治安の悪化のために調査地への現時点でのアクセスはできないが，2000年代に2度ほどワオラニの人々が暮らす村で滞在することができた．

　ワオラニ（Waorani, Huaorani）は，エクアドルアマゾンに暮らす先住民である（口絵7-1）．現在の主な生業では，吹き矢猟やショットガンによる狩猟，ヤシの葉や木の実の採集，キャッサバやバナナを対象にした焼畑農耕などの生業を組み合わせて暮らしている（Rival 2016）．また，かつてのワオラニは，世帯単位で分散した暮らしをしてきたが（口絵7-2），現在はエクアドル政府の政策により集住化が進行している（池谷2010a）．中心集落には政府により小学校がつくられ，川の両岸に近接して家屋が一列に並ぶ集住化が生じている．

　さて，この村での自然資源の利用をみてみよう．筆者は，この村で吹き矢猟や畑作農耕に参与したことがあるので，その詳細を述べておこう（池谷2004）．吹き矢は，各世帯で男性が所有するものである．平素から筒の中に細長い棒を入れ

第7章 アマゾン熱帯林の保護とグローバルサウスの人々 139

図 7.3.1 吹き矢をかついで移動するワオラニのハンター
ダーツは筒に，野生の綿は球形の容器に入れる．エクアドルにて 2004 年池谷撮影．

て筒の中をそうじしている．これで，まっすぐダーツが飛ぶことになる．複数のハンターは，長さ約 3 m の吹き矢を肩にかついで小船に乗る（図 7.3.1）．そして，ハンターがよく利用する猟場の入口に船をとめてから小道を歩いていく．そして，樹高が 30 m 近くもある樹高部（キャノピー）にて新世界ザルを捜す．サルは，群れをなしているが，毎回，出会えるわけではない．ある日は，1 匹のパラワクモンキーを吹き矢猟で獲得できたが，サルの肉は少量であるために世帯内で消費された．

この村では，家屋の近くに畑がある．そこでは，焼畑によってキャッサバやバナナを栽培している．これらの食べ物は，安定して獲得ができて主食に近いものである．毎年，伐採して火入れの場所を変えて休閑地では商業的樹木を育てている．そして，15～20 年で元の畑地にもどるという循環的な農耕に従事する．

以上のように，ワオラニの人々は，焼畑農耕に従事して食生活は作物に依存しているのであるが狩猟や採集も健在である．森の動物であるサルと人との関係をみてきたが，サルが経済的な商品ではないこと，100 頭近い群れをつくっていること，狩猟具として吹き矢が使われ狩猟具の近代化が進んでいない点から，ワオラニによる自然資源利用の形は持続可能性が高いと思われる．

7.4 グローバルサウスから社会正義を問う：
炭素排出量の削減・生物多様性・先住民

本章は，冒頭で述べたように，欧米や日本などグローバルノースを中心として

地球のグローバル化が進行している中で，グローバルサウスの地域の中で問題になっていることは何かという問題意識がベースになっている．例えば，地球温暖化の防止のために炭素の排出量の制限がなされているが，実際，排出量が多いのはグローバルノースであり，中国やインドのような中進国であるといわれる．これに対して，グローバルサウスの人々の対応はどうなのだろうか．

2022年11月にエジプトで，国連気候変動枠組条約第27回締約国会議（COP27）が開催された．COP27においては，グローバルノースからグローバルサウスへの補償の枠組みが示された．しかし，これらの動きは，多数の先進国から気候資金が集まらないようにうまくいってはいない．つまり，現代社会において地球環境問題を解決する際に，様々な社会不正義の問題は解決されていないことになる．

それでは，この問題を解決するためにどうしたらよいのだろうか．これには地球，国家，地域という3つの空間スケールから社会不正義の問題を考えなくてはならないであろう．まず，地球スケールである．ここでは，先進国の経済活動の実態把握をするとともに現在の資本主義経済や文明社会のあり方への再考が必要になるであろう．現在，先進国でも炭素ガスを出さない電気自動車の普及など，炭素排出量の削減が進められている．しかしながら，その電気の源は火力発電が中心であり，再生可能なエネルギーに依存しているわけではない．ここでもう一度，本章のように地球の中のアマゾン熱帯林の役割を考えなくてはならないであろう．このような地球的視点から，公正で持続可能な社会をいかに構築するかが問われているが，先述したようにフランスなどを除くと，先進国による熱帯林保護への関心は低く現時点では社会正義が維持されていない．

つぎに，国家スケールの視点である．この場合は，政府機関のある中心と周辺部の両方からみることが欠かせない．とくに，国の周辺に位置付けられる先住民の居住地域は，国の中で正当に位置づけられることがあまりない．本章では，エクアドルのワオラニは，ヤスニ公園内でも資源利用をしてきたが，公園の外に新たな集落を形成してきた．政府は，自然保護の維持のために彼らの暮らしを保護する一方で，すでに言及した石油開発のみならず観光開発なども計画しなくてはならないであろう（千代 2001）．ただ，2019年に政府を相手に石油開発を批判して自らの土地権を獲得する裁判にワオラニ側が勝訴したことの意味は大きい（Casey 2020; Scazza and Nenguimo 2021）．これは，ワオラニにとっての国家との

かかわりの中で社会正義の理念が機能したとみてとれる.

　最後は，地域レベルのミクロなスケールである．この場合には，先住民ワオラニの中でも集団の価値観に多様性が存在する点を留意しなくてはならない．ワオラニの衣装をみると，パンツのみの人から洋服を身に着ける人までさまざまである（口絵7.3）．また，同じ言葉を話すタガエリの集団は，時々，ワオラニの集落を襲うことがあり，いっさいの外部の援助を受けずに森の中で暮らしている（池谷2010b）．一方で，一部のワオラニは，パイプラインの通る集落に移動して近代的な暮らしを続けている．このようにワオラニ内の集団によって森林環境とのかかわり方が異なるので，「先住民だから自然とともに生きる人々である」という言説を批判的に受け入れなくてはならない．また，集団内での利益の分配など，社会正義の理念が機能しているにか否かの検討が必要であろう．

　以上のように，3つのそれぞれの異なる空間スケールを設定して，それぞれに応じて担い手の異なる社会正義の是非を論議することが重要である．また，地球環境問題の中の炭素排出の問題，国立公園内の生物多様性を維持することの問題，そして先住民と森との地域生態系が維持されているか否かという3つの課題を設定して，それぞれについて正しく理解して問題の解決に向かうことが必要である．さらに，これらの全体像をみすえながら，「誰にとっての何のための社会正義であるのか」，その是非については3つのスケールを設定してさらなる論議をしなくてはならないであろう．

注

1) 2020年，アマゾン先住民のワオラニの女性リーダー，ネモンテ・ネンキモ（Nemonte Nenguimo）は，地球環境の保護に貢献した人を顕彰する国連「地球大賞」とゴールドマン環境賞を受賞した．これは，2019年にエクアドル政府に対して自らの土地700万エーカーを油田開発業者に売り渡そうとしたことに裁判を起こして勝訴となり，約2,000 km^{2}の土地の利用権を獲得したことに対するものである（岩見2019）．また，2019年4月26日には，彼女を中心としてワオラニの男女数百人が，私たちの土地を石油開発のために競売にかけられないとする新しい判決を祝って，東部パスタザ県の中心地プヨの通りを行進した（Riedere 2019）．

参考文献

アルファロ カレン（ナショナル ジオグラフィック トラベラー ラテンアメリカ版），訳 鈴木和博（2022）世界屈指の生物多様性を誇るヤスニ国立公園，エクアドル（2022年4月17日），National Geographic,https://natgeo.nikkeibp.co.jp/atcl/news/21/120600594/ （最終閲覧日2024年

142　地球環境学×*民族学*

11 月 24 日)

池谷和信編 (2003)『地球環境問題の人類学——自然資源のヒューマンインパクト—』世界思想社.

池谷和信 (2004) モンキーと吹き矢猟師. 季刊民族学, 110, 50-56.

池谷和信 (2010a) エコツーリズムと地域社会. 内堀基光・スチュワート ヘンリ編『人類学研究——環境問題の文化人類学——』放送大学教育振興会, 168-183.

池谷和信 (2010b) 近年における歴史生態学の展開——世界最大の熱帯林アマゾンと人——. 水島司編『環境と歴史学——歴史研究の新地平——』勉誠出版, 55-63.

池谷和信 (2011) 世界の自然保護と地域の資源利用とのかかわり方. 松田裕之・矢原徹一編『シリーズ 日本列島の三万五千年　第 1 巻環境史とは何か』文一総合出版, 105-123.

池谷和信 (2022) 社会複雑性の萌芽と形成——アマゾニアの民族誌から探る——. 年報人類学研究, 13, 89-100.

千代勇一 (2001) エクアドル・アマゾンにおける観光開発のインパクト：ワオラニ社会の事例研究. 国立民族学博物館調査報告, 23, 199-210.

岩見旦 (2019) アマゾンの先住民が歴史的勝訴! 広大な熱帯雨林を石油採掘からの保護に成功 (2019 年 5 月 21 日), FINDERS, https://finders.me/kqFQpDEwMDQ

丸山浩明 (2023)『アマゾン 500 年－植民と開発をめぐる相剋－』岩波書店.

Butler, R. A. (2020) Brazil's forests (August 14, 2020), WORLD RAINFORESTS, MONGABAY, https://worldrainforests.com/brazil/ (最終閲覧日 2024 年 11 月 24 日)

Casey, H. (2020) "Our Land Is Not for Sale!" Contesting Oil and Translating Environmental Politics in Amazonian Ecuador. *The journal of American and Caribian Anthropology*, 25: 301-323.

Garrett, R.D., Cammelli1, F., Ferreira, J., Levy, S. A., Valentim, J., and Vieira I. (2021) Forests and sustainable development in the Brazilian Amazon: History, Trends,and Future Prospects. *Annual Review of Environment and resources,* 46: 625-52.

Qin, Y., Xiao, X., Liu, F., de Sa e Silva, F., Shimabukuro, Y., Arai, E., and Fearnside P.M. (2023) Forest conservation in indigenous territories and protected areas in the Brazilian Amazon. *Nature Sustainability*, 6: 295-05.

Riederer R. (2019) An uncommon victory for an indigenous tribe in the Amazon, May 15, 2019. The New Yorker.

Rival, L. (2016) *Huaorani Transformations in Twenty-First-Century Ecuador.* University of Arizona Press.

Scazza, M. and Nenquimo O. (2021) *From spears to maps: the case of Waorani resistance in Ecuador for the defence of their right to prior consultation.* The International Institute for Environment and Development (UK).

第8章
地球環境学 × *都市農村学*

人類は都市の存在を地球システムに包摂できるのか
── 将来に不安を感じるわれわれの知恵と日常生活の実践 ──

大山 修一

　異常気象の頻発と熱くなる地球──地球環境問題の深刻化は，30年以上も前から予測されていたことだった．科学者の将来予測は正しかったが，科学や技術はこの予測に対応することはできなかった．その将来予測が眼前に出現し，われわれは，その危機を身をもって体験している．都市は増えつづける一方で，人口1,000万以上のメガシティは拡張しつづけている．都市は多くの食料やエネルギーをかき集め，消費しつづけているが，人間の生み出すゴミや熱はうまく処理できていない．し尿をふくむ有機性のゴミも，汚く，有害だということで，うまく利用することはできていないのが実情である．人類の存在や都市は地球システムの循環の輪からかけ離れた存在となっている．私たちには，なにができるのだろうか？

8.1　不安を感じる時代

　UNDP（国連開発計画）は2022年に『人新世における人間の安全保障への脅威──さらなる連帯で立ち向かうとき（New threats to human security in the Anthropocene: Demanding greater solidarity）』という特別報告書を刊行している．そのなかで，地球に生きる7人のうち6人が不安を感じているという現状が示されている（UNDP 2022）．国家だけではなく，人間ひとり，ひとり，個人が生きるうえで，（テロや戦争，暴力からの）恐怖や（食料やエネルギーなどの）欠乏から自由となり，安全が保障されることが重要とされる．物質的な豊かさや経済的な繁栄を享受する現在の"人新世"という時代において，複合的な脅威が存在するのである．ソーシャルメディアの書き込みによる人権侵害，AIの隆盛によ

る産業構造の変化，技術革新によるアクセス格差が人間の暮らしに大きな影響を与えている．人種や民族間の不平等や対立，社会的格差の拡大と移民の増加，頻発する暴力や紛争の問題も大きな脅威となっている．新型コロナウイルスのパンデミックを契機とした感染症の拡大で，われわれの健康や生命はあやういものだということを痛感したのは記憶にあたらしい．

　この特別報告書では気候変動や異常気象，環境問題についての言及はとぼしいが，それらが人類に不安を感じさせる大きな要因となっているのは事実である．私の手元には，1989年——私が高校3年生だったときに購入した『地球クライシス——人類に未来はあるか？』というニュートンの別冊がある．30年以上もまえに日本の第一線の環境科学者が執筆したものであるが，地球温暖化，暑くなる地球，異常気象の頻発，森林破壊，生物多様性の問題など，現在，どれもが深刻となっている問題とその発生メカニズムが示されている（ニュートンプレス 1989）．

　2024年，ヨーロッパやユーラシア，北米大陸をはじめ北半球では高温が記録されている．気象庁のウェブサイト（国土交通省 気象庁 2024）では，世界各地の異常気象が閲覧できる．ロシアのモスクワでは6月23日に34.8℃，ロシア東部のビリュイスクでは6月22日に36.5℃を観測し，カナダ西部のリットンでは6月29日に最高気温49.6℃を記録し，カナダ気象局の観測史上，最高気温の記録を更新している．メキシコでは小雨・干ばつ，アフリカではサハラ砂漠の南縁，サヘル地域で大雨と洪水，南部アフリカでは顕著な小雨・干ばつがみられる．日本でも，2023年，2024年と2年連続で，夏季には40℃にせまる酷暑がつづき，日本列島には大型の強い台風が上陸し，洪水や土砂崩れなどの被害をもたらしている．アマゾンの熱帯雨林における大規模伐採，アメリカやカナダでの大面積の山火事，大国の意向でいっこうに進まない地球温暖化の対策など，環境問題に対して不安を感じさせる要素は少なくない．

　私たちは，これまでにない物質的な豊かさや経済的な繁栄を手にしながらも，技術の革新や社会の急激な変化，紛争や暴力，健康，気候変動，環境問題といった脅威のなかで，強い不安を感じながら生きているのである．

8.2　西アフリカ・サヘル地帯の"不安"

　わたしは2000年に西アフリカ，サハラ砂漠の南縁に位置するサヘル地域のニ

ジェール共和国へ調査に出かけた．25年も前のことである．フランス語をほとんど理解できず，現地調査に出かけ，最初は苦労の連続であったが，西アフリカ最大の民族——ハウサの農村であるD村に住み込み，村びとに受け入れられ，ハウサ語を学んで，一緒に農作業をしたり，ウシやヤギの放牧に出かけ，ともに食事を食べたり，人々の生活を学んでいった．人類学では，このような調査スタイルを参与観察というが，人々とともに生活をし，おなじ言葉を話し，生活や文化をふかく理解する．このようなプロセスについて，科学者のなかには無駄だという人もいるが，わたしの研究スタイルではとても重要である．

サヘル地域というのは，サハラ砂漠の南縁に位置し，セネガルやモーリタニア，マリ，ブルキナファソ，ニジェール，チャド，スーダンなどの国が含まれる（図8.2.1）．この地域は，砂漠化——土地荒廃の問題が深刻な地域で，干ばつの常襲地域でもある．わたしがこのサヘル地域を調査地に選んだのは，砂漠化の問題を研究し，いつしか緑化や環境修復を実現したいという夢を抱いていたからであった．その思いをもちつつ，まずは村びとと一緒に生活をともにし，受け入れられることに専念した．

サヘル地域の深刻な問題は，人口増加や砂漠化に起因する飢餓と貧困である．わたしが調査をしているD村には60世帯が居住しているが，その9割は食料不

図 8.2.1　サヘル地域の国ぐに

足にあえいでいる．村住みをしてみて，村に十分な食料がないということは，すぐに理解できた．収穫直前の6月から8月に，村びとはその日に食べる食料の確保に苦労する．人々は日々の糧に不安を感じながら，生活をつづけている．そんな農村での参与観察は調査者にとっても，とても苦しい．わたしだけが隠れて食料を食べつづけるのか，あるいは，限られた自分の食料をみなに分け与えるのか，判断にまようのである．

　サヘル地域のなかでも，ニジェール共和国は中央サヘル（Central Sahel）と呼ばれる．この中央サヘルにはマリとブルキナファソ，ニジェールの3カ国があるが，どの国も人口増加率が高い．国連の人口推計（United Nations, World Population Prospects 2024, Online Edition）によると，2023年時点における人口増加率（年率）はマリでは2.97%，ブルキナファソでは2.26%，ニジェールでは3.31%である（United Nations, Department of Economic and Social Affairs, Population Division 2024）．この人口増加率では，人口が2倍になるまでの年数はマリでは23年，ブルキナファソでは31年，ニジェールでは21年である．どの国においても若年人口が多いという特徴がある．

　わたしがD村に入ると，身のまわりに子どもたちがたくさん集まってくる．「オオヤマさん，写真をとって欲しい」「チョコレートが欲しい」「アメ玉がほしい」と，子どものにぎやかな声が聞こえてくる．20年以上も同じ村に通いつづけていると，だれの子どもかが分かる．たまには，カメラをむけて写真を撮影し，かばんからチョコレートやアメ玉を差し出すこともある．しかし，5年，10年もすれば，そんな子どもたちはりっぱな大人となり，「現金がほしい」，「仕事をさせて欲しい」という切実な声にかわってくる．

　中央サヘルではイスラーム国西アフリカ州やアルカイダなどのイスラーム過激派，トゥアレグの反政府組織の活動が活発であり，そのほかにもナイジェリア北西部やニジェール西部ではボコハラムというテロ集団もいる．ボコハラムは，貧富の拡大を産み出す西洋文明，そして，貧困や飢餓を放置する政府の無策を批判する．ボコハラムは，深刻さを増す貧困や飢餓，拡大しつづける経済格差を背景に，10代から30代までの青・壮年世代の関心を集めることもある．そのテロ行為はD村でも"世直し"として支持されたこともあって，わたし自身がターゲットになるのではないかと覚悟したこともあった．ボコハラムは残虐性を高め，ナ

イジェリアとニジェール，チャドにおいて多くの被害者をうみだし，さらにテロが飢餓と貧困を引き起こすという悪循環もみられた（Oyama 2019; 大山 2018）．

中央サヘル諸国において，テロ対策は国家の重要課題である．旧宗主国であるフランスの支援をうけ，中央サヘルの国ぐには長年にわたってテロ対策を続けてきた．しかし，いっこうに効果がみられず，テロの被害者が増加しつづけ，長年におよぶフランスの経済的搾取に対する不満もかさなって，2020 年にはマリ，2022 年にブルキナファソ，2023 年にはニジェールでクーデターが発生し，軍事政権が誕生している．これらの 3 カ国ではフランスとの関係を断ち切るかたちで国家運営が進められ，市民はそれを支持しているが，これまでの国際秩序のなかで中央サヘル諸国の経済や社会は混迷を深めている．

8.3　サヘルの砂漠化問題と地域住民の解決方法

ハウサの人々は日常生活のなかで，「ハルクキ（動き）」という考えを大事にしている．動かず，じっとしているのは良くなく，男性が都市へ出稼ぎに行ったり，女性が薪を集めて市場に売りに行ったり，積極的に手に職をつけたり，商いをしたりしている．突発的に襲来する干ばつや飢餓に対処するため，ハルクキというハウサの人々の価値観は過度に農耕に依存せず，厳しい自然環境のなかで人々が危険を分散し，生き抜くための社会的な仕組みである（大山 2015）．それは，完新世から始まった農耕文明による定住化に対するオールタナティブな価値観ともいえ，単一化した生き方をしようとするわたしたちが生きていくうえでの示唆に富む．

しかし，2000 年から D 村に住み込み，調査をするなかで，人々は「雨の降り方はよかったが，作物の出来がよくなかった」と話すようになった．収量低下の原因は，雨の降り方ではなく，土地，土壌の劣化だというのである．村周辺の畑ではトウジンビエとササゲが連作されており，毎年，人々は同じ作物を栽培している．年間降水量が 450 mm ほどのニジェール南部では，乾燥にもっとも強いトウジンビエとササゲが主作物となっている．同じ作物が連作されることで，土壌の肥沃度は低下していく．1 人が所有する 1 筆の畑であっても，トウジンビエの生育は均一ではなく，明瞭な差異がみられる．

村びとは畑の土地や土壌を「カサ（kasa）」，「レソ（leso）」，「フォコ（foko）」

の3種類に分類している（大山・近藤 2005; 大山ら 2010; Oyama 2012）．この3区分については土地の分類に使われることもあるし，土壌そのものの分類にも使われる．カサ（kasa）というハウサ語は大地や国家，国土，土地，土壌といった多様な使われ方がするが，作物や植物の生育する生産力のある土地，土壌を意味している（口絵 8.1）．生産力の高い土壌という場合には，肥やしの土（kasa taki）と呼ばれることもある．レソ（leso）は白っぽい砂で，養分に乏しい土壌である．フォコは地表面が固結した土地で，作物の生産には適さないというように，土壌の肥沃度と植物の生産力を判断している．フォコ（foko）が広く露出すると，不毛の大地となる．栄養分を含まず，pH は 4.4 と強い酸性である．畑のなかに分布することもあり，まったく雨水を含まず，すぐに乾燥する．

　作物の収量につよく影響するのは土壌の状態であり，カサではもっとも収量が高く，1 ヘクタールあたり 1.2 トンのトウジンビエを収穫できる．白い砂地のレソではヘクタールあたりの収量は 0.1 トンで，固結したフォコではトウジンビエはまったく実らない．放っておくと，畑の土壌は 2，3 年のうちにカサからレソになって，場所によってはフォコへ変化し，トウジンビエの収穫はむずかしくなる．畑の生産性をどう維持するのか，人々は苦心する．そのひとつの手段がゴミの投入である．

　農閑期である乾季，D 村の人々は昼間に木陰で休んでいる．しかし，夕方になると，男性たちは自分の家の敷地を熊手で清掃し，家畜の食べ残した餌，糞尿を集める．また，トウジンビエを脱穀したあとの残さやササゲのさや，さらには煮炊きをした消し炭や灰，使い古したサンダルや子どもの古着，女性の腰布，裂けた穀物袋，市場で買い物をしたときのポリ袋，底のあいた金属製の鍋や皿まで，あらゆる物を集めて，自分の畑に運び込み，レソやフォコの荒廃地に積み上げるように置く（図 8.3.1）．

　ニジェールの荒廃地や畑の土壌に含まれる作物の栄養分は，とても少ない（表8.3.1）．トウジンビエのもっとも収量が高い畑からサンプリングした土壌は，わたしの奈良の畑の土壌と比較すると，窒素は 11 分の 1，カリウムは 82 分の 1，有効態リンは 90 分の 1 しか含んでいない．荒廃地になると，その量はさらに減る傾向にある．作物どころか，植物も生育することができない．ハルマッタンの季節風で飛ばされる砂や落ち葉が衣服や剪定した枝葉，わらなどに引っかかって

第 8 章　人類は都市の存在を地球システムに包摂できるのか　149

図 8.3.1　畑へのゴミの投入
人々は土壌荒廃に対応して都市からゴミを運搬する．
2022 年 9 月撮影．

表 8.3.1　ニジェールの畑（A）（B）と奈良の筆者の畑（C）の化学性

	pH	全チッソ(%)	全炭素(%)	カリウム(mg/100g)	有効態リン(mg/100g)
生産性の高いカサ（A）	6.4	0.01	0.12	0.4	1.8
岩盤が露出したフォコ（B）	4.4	0.01	0.09	1.2	1.6
奈良にある筆者個人の畑（C）	6.6	0.11	1.13	33.0	163.0

表 8.3.2　ニジェールの首都ニアメにおけるゴミの化学性

pH	全チッソ(%)	全炭素(%)	カリウム(mg/100g)	有効態リン(mg/100g)
7.4	0.17	2.27	23.0	84.0

堆積する．ニジェールの畑の土壌には窒素やカリウム，リンなどは乏しいが，首都ニアメのゴミには窒素やカリウム，リンを多く含む（表 8.3.2）ほか，カルシウムやマグネシウム，鉄，亜鉛などの栄養分が含まれている．ニジェールの都市ゴミの pH はアルカリ性であることが多く，強酸性の堆積岩を中性に矯正する．

　また，人々の生活から出てきたゴミには，たくさんの植物の種子が含まれている（口絵 8.2）．首都ニアメのごみ捨て場では，トマトやレモン，オレンジ，ササゲ，トウモロコシ，カボチャ，スイカ，ナツメヤシ，タマリンドなど 21 種の種子をみつけることができた．ここにはトウジンビエの種子は含まれていないが，それはトウジンビエの種子は 1 mm ほどと小さく，見つけることが容易ではないためである．しかし，脱穀や製粉作業のなかで，トウジンビエの種子は飛び跳ね，人間の手から逸脱し，ゴミのなかに混ざり込むのである．ごみに含まれる種子がすべて発芽するわけではないが，ごみから多くの植物が生育し，1 年目に生育する

植物には多くの作物と家畜の飼料となる植物が含まれる．

　ゴミを餌にするシロアリが集まってきて，固い岩盤に多数のトンネルを掘り，雨水が地中に浸透しやすくなる．シロアリは木材や枯れた葉，枝，茎といった枯死植物体のすべてを餌とする (da Costa *et al.* 2019)．シロアリは唾液で砂の粒子をつなぎあわせて木の枝や葉を包むようにシェルターをつくり，枝や葉を食べていく．このつなぎ合わせた砂の粒子が団粒構造を形成し，植物の根が伸張して呼吸をしたり，水や養分を吸収したりするのである．

　ビニール袋やプラスチックなどのゴミも畑に投入されるが，これらも畑の生産力を再生するのに役立つ．地面からの水分が蒸発するのを防いだり，シロアリの生息地として適した環境を提供したりする．乾燥地においてシロアリは地下の世界を支配する生物とされるが，天敵が多く，シロアリを餌とする生物はクロアリや鳥類なども多い．また，シロアリは直射日光や乾燥に弱く，ビニール袋やプラスチックがゴミに含まれることで，直射日光と乾燥を避けることができ，絶好のすみかとなる（図 8.3.2）．

　ニジェールの乾燥地で住民たちはゴミを投入して畑の生産性を改善しようと努力している．このような日常的な行為は，われわれからすると，にわかに信じがたいところもあるが，養分を添加する土壌の化学性，団粒構造をつくり，雨水の浸透をよくする物理性，そしてシロアリの生育という生物性を同時に改善する．養分の溶脱と作物による吸収，そして表面土壌の侵食作用によって砂漠化の問題は発生するが，ゴミ投入による養分の添加と表面土壌の堆積作用で環境修復と緑化が進むのである．

図 8.3.2　畑に捨てられたサンダル
サンダルの下はシロアリの絶好のすみかとなる．湿度が保たれ，乾燥や直射日光，外敵からも守られる．
2020 年 3 月撮影．

8.4　砂漠化の原因と都市という存在

　ニジェールの農村では，人々が現金収入の必要性から近隣の定期市にむけて農・畜産物や燃料材，家畜の飼料となる草本を大量に販売している．市場経済の定着にともなって経済活動が活発となり，農産物が農村外へ販売されることで，農村から都市への一方的な栄養分の持ち出しが生じる結果，農村地域では栄養分が減少している．サヘル地域の土壌には，もとより有機物量が少なく，窒素やリン，カリウムといった栄養分が少ないという特徴があり，このような変化がみえやすい．そのうえ，農村では，居住人口の増加による土地不足，作物の連作もあいまって，土壌養分の減少によって飢餓や貧困が深刻であり，慢性化している．こうしたきびしい飢餓や貧困は農耕民と牧畜民との民族間紛争，ボコハラムによるテロ行為を引き起こす原因ともなっている．

　一方，首都ニアメでは住民が大量の農産物を食料として消費しつづけている．人口の急増にともない，食料需要が増大している．都市の居住者は農村地域からもたらされる農・畜産物や薪炭材を生活の糧として消費し，ごみや排泄物を都市の内部，もしくはその近隣に捨て続けている．アフリカの多くの都市ではゴミ処理のインフラが整備されておらず，ニアメ市内でもゴミがあふれ，住宅地に放置されていたり，処分場にはゴミが積み上げられたりしている．

　ニアメ市内のゴミの組成について，2022年8月にニアメ市清掃局のダンプカー1台分（7,318 kg）を分別し，計測したところ，重量ベースで砂が67.4%，生ゴミや剪定枝，家畜の食べ残しや敷きわらが18.8%で，緑化にそのまま使える砂や有機物が86.2%を占めていた．そのほか，衣服や布，靴が6.5%，プラスチックやビニール袋が5.8%，金属や缶が0.8%，紙・ダンボールが0.6%，岩やセメントが0.1%であった．EDX（エネルギー分散型蛍光X線分析装置）で重金属を分析したところ，家庭から出された直後のゴミには水銀やヒ素，鉛，クロム，カドミウムといった有害重金属は検出されなかった．

　雨季になると，ニジェール国内ではコレラや腸チフスなど感染症の問題が発生する．WHOの資料によると，すくなくとも2011年と2012年，2018年，2021年にはコレラによる死者が発生している（WHO 2013, 2018; Alkassoum *et al.* 2019; UNICEF 2021）．都市において上・下水道の未整備とともに，ゴミやし尿が適切に処理されず，人々が不衛生な状態で生活している．農村における貧栄養と砂漠

化の問題,都市におけるゴミ問題と衛生状態の悪化はコインの裏表の関係にあり,有機性ごみが蓄積しつづけ,農地に戻すことができないことに原因があることを指摘しておきたい.

地球上には,多くの都市が存在する.人新世とは都市文明が隆盛する時代である.世界各国の人口データを集計した City Population のウェブサイト(https://www.citypopulation.de)によると,2024年現在,人口1000万以上のメガシティは44都市であり,第1位は広州(7,010万),第2位は東京(4,100万),第3位は上海(4,080万),第4位はデリー(3,460万),第5位はジャカルタ(2,920万)である.2011年にメガシティの数は20都市であったのが,2021年には39都市,2024年には44都市と増加している.また,2024年時点で100万以上の都市は624都市であり,この数も,2005年には250都市,2021年には599都市と比較しても,増え続けている.これらの都市は共通してゴミ処理の問題を抱えている.ゴミの最終処分として,焼却するにしろ,処分場に積み上げるにしろ,有機性ゴミをどのように農地に戻し,農業生産につなげていくのか,「生産—消費—廃棄」という流れのなかで,いかに廃棄から生産につなげ,いかに循環の輪をつくるのかが将来における食料生産と人類の生存に重要となるであろう.

8.5 地球システムに都市を埋め込む

わたしは JICA(国際協力機構)から草の根技術協力事業(草の根協力支援型)の支援を受けて,2021年9月から3年間にわたり,ニジェール環境省をカウンターパートとし,首都ニアメにおいて市内の廃棄物を運搬し,緑化サイトへ投入した.環境省の強い要望により,大きなサイトを建設することになり,建設したサイトは4カ所,合計10.8ヘクタールである.

新型コロナ感染症のパンデミックどきにプロジェクトを開始し,感染症の流行を気にしながらの作業となった.首都ニアメでの作業は初めてであったが,環境省と JICA ニジェール支所の職員からのサポートを受け,私たちは緑化サイトの選定や現地住民への説明をおこなった.D村から来た若者たちがスタッフとして力添えをしてくれ,資材の運搬や建設作業を順調に進めることもできた.私たちはニアメ市清掃局との交渉を続けたが,途中,清掃局長の交代などもあって,ニアメ市清掃局はなかなかゴミの運搬に協力してくれなかった.自前で中古トラッ

クを購入して，ゴミの運搬に取り組むことになった．

結局，国家プロジェクトとして実施された大型ゴミ集積場の撤去にともなって，大統領府やニアメ市からゴミ運搬の要請があり，清掃局のダンプカーによってゴミが急速に運搬されることになった．3年間で投入したゴミの重量は，およそ1,400トンとなった．

地域住民の人々とともに，私も熊手でゴミの山をならして，厚さ10 cmになるよう広げた．3年間で，のべ4,360人の周辺住民とスタッフがプロジェクトの作業に従事した．環境省や住区の区長がサイトを訪問し，どのようなにして緑化が進むのか，私はプロジェクトの代表者として，丁寧に説明を繰り返した．2023年5月には，環境大臣が現地メディアをともなってサイトに来訪し，「ゴミはニアメ市内にあれば有害であるが，緑化サイトにゴミを持ってくると有益な資源と有効な砂漠化対策になる」とインタビューに答えた．

環境省の職員のなかには，プロジェクトを開始した当初，ゴミで荒廃地の緑化ができるとは想像できない者も少なくなかった．しかし，実際に雨季が到来し，ゴミからトウジンビエやモロコシ（ソルガム），スイカ，カボチャなどが生育するのをみて，緑化がはじまることを理解した者が多い．2024年8月には環境省がニアメ市内のホテルで最終報告会を開催し，職員みずからが作成した文書2冊と動画のマニュアルを披露した．この資料をもとに，参加者は都市の有機性ゴミをどのように農地や荒廃地に戻すことができるのか，真剣な議論をおこなった．プロジェクトの「都市をきれいに，土地をみどりに（Cleaning the city, greening the land）」というスローガンのもとで，都市のつくりだす環境負荷を下げ，地球システムのなかに都市を埋め込むことができるのかを考える一歩となった．まさに，価値観の転換のきっかけである．

8.6　おわりに：環境問題に取り組む3種の「正義」

資本主義のもとで，サヘル地域の都市は食料やエネルギーをかき集め，消費しつづける一方で，農村では人々が食料や薪を販売し，土地荒廃の問題に苦しんでいる．この構図はサヘル地域だけではなく，世界各地に共通する．土地荒廃の問題は北米ではグレートプレーンズ，南米ではカンポ，アフリカではサヘル地域のほか北アフリカや南部アフリカ，中央アジア，インドのデカン高原，オーストラ

リアの大部分と多くの地域が土地荒廃の危険性を抱えている．これらの地域は，世界の穀倉地域である．

シュロスバーグ（Schlosberg 2007）は，環境正義（環境的正義）の多元的アプローチのなかで，環境正義が分配の正義，承認の正義，参加・手続きの正義と 3 要素に構成されることを示している．環境正義とは，すべての個人と社会集団の自由な生の根源としての環境の保証や回復，保証の追究である（押井 2021）．しかし，都市と農村のあいだには、明らかな不均衡が存在する．都市は食料やエネルギーを集めることで，農村の土壌が劣化するというのは，食料やエネルギーをかき集める都市と，それらを送り出す農村との格差という分配の正義に強く関連する．

また，ニジェールの例のように，ゴミを緑化に使用するということについては，飢餓や貧困に苦しむ農村の人々——農耕民や牧畜民からは歓迎され，都市内部がきれいになる住民からも喜ばれたが，政府の役人たちはプロジェクトの開始当初，ゴミで緑化するといイメージができず，まったく理解を示さなかった．緑化や環境修復にゴミを使用することに対して「承認」や「参加・手続き」が十分にあるとはいえない状態であるのは，ニジェールだけでなく，世界に共通することである．このままでは，人類が排出する有機性ゴミやし尿は利用されないままで，地球システムに都市が包摂されることはない．都市は環境負荷を生み出す存在でしかないのであるが，その住民は無自覚をよそおって生活することができる．

私の取り組みはニジェールの話しで，日本とは関係のない話しだろうか．日本は，ゴミの燃焼大国である．2021 年のデータで日本では焼却するゴミの割合が80.4％であり，この数値は OECD（経済開発機構）加盟国のなかではもっとも高い（OECD 2024）．私たち生活者は住んでいる自治体の規則にしたがって，日々，まじめにゴミを分別しているが，その多くは焼却炉で燃やされているという現実がある．国土が狭いという理由で，ゴミをそのまま湾岸部に埋め立てていた時期もあり，現在では，燃焼した焼却灰を埋め立てに使っている．東京湾の夢の島公園も，大阪湾の舞洲や夢洲，咲洲の人工島も，もとはといえば，ゴミの埋め立て地である．いまや埋め立て地はウォーターフロントとして，タワーマンションが建設され，あるいはテーマパークが立地したり，万博が開催されたりすることで，ゴミ埋め立て地の様相を消し去ってしまう．自治体にとっては住民税や固定資産税をはじめとする多額の税金が入ってきて，経済効果は大きい．

しかし，世界各地で異常な猛暑がつづき，観測史上，もっとも暑い夏になる（WMO 2024a, 2024b）というなかで，水分の多い生ゴミに重油を吹き付け，焼却し，その結果として多くの二酸化炭素と熱を発するゴミ処理には厳しい目が向けられていくだろう．ゴミ──とくに有機性ごみの処理については環境汚染や温室効果ガスの排出，衛生，感染症，NIMBY（誰の裏庭にもいらない）の諸問題から正解はなく，シュロスバーグの提示する「承認の正義」や「参加・手続きの正義」の観点からも，日本におけるゴミ処理はまさに不正義となる可能性がある．

日本では有機性ゴミを堆肥化するコンポストの利用は，ゴミ重量の 0.3% にとどまる．この割合は OECD 加盟国のなかではトルコと同じであり，まったくコンポストを実施していないニュージーランドに次ぐ低さである．EU（ヨーロッパ連合）ではコンポストが積極的に奨励され，フランスでは 2024 年からコンポストを法律により義務とされた．食料や肥料の価格が高騰するなかで，日本でも市場メカニズムが押し上げるようにコンポストの生産や利用が進むことになるのだろうか．私は 2023 年 7 月より総合地球環境学研究所で有機物循環プロジェクトを開始し，マンションのベランダでできる簡易な方法の地球研コンポスト（ドライ・コンポスト型）を考案し，京都市内の大型ホテルで 8 月より食品ごみを材料にコンポストをつくりつづけている．

このドライ・コンポストは土と米ぬか，鶏ふんを使用し，1 週間ほど仕込みの時期を設け，60℃ちかい温度まで上昇させたのちに食品ゴミを投入する．活性化された微生物によって，食品ごみの分解をすみやかに進める．京都市内のウェスティン都ホテル京都の吉田泰宏総料理長のはからいで，そのコンポストを 2024 年 6 月にいちじく生産者に施用してもらい，生産されたいちじくは 8 月よりホテルでタルトに使用され，提供されている．ドライ・コンポストでは自然のプロセスを利用しており，堆肥をつくるカギとなっているのは微生物の呼吸と発酵作用である．

さまざまな不安が錯綜するなかで，その対策を考え，法律や制度が整備され，私たちの価値観や生活の見直しが進んでいくであろう．ただ，コンポストやゴミを使った緑化には自然のプロセスが強く関与し，当初，偶然にみえていた変化が次第に，必然なことに思えてくるという，おもしろさがある．そして，有害物質を使用しない，コンポストには入れないという自分を律する必要がある．環境問

題の解決は科学や技術に頼るだけでなく，私たちは日々の生活のなかで考えて実践していく必要がある．コンポストづくりを提案する，その第一歩が，大量の食料やエネルギーを消費する都市の存在を理解し，都市と農村との力関係をなくす分配の正義，有機性ゴミの有用性を理解する承認の正義，そしてゴミ問題や環境問題をみずから考え，農業生産にむすびつける参加・手続きの正義につながるであろう．大事なことは，私たちが不安の根源に取り組む勇気と創意工夫，そして，個人的な経験と知識の積み重ねにある．

参考文献

国土交通省 気象庁（2024）世界の週ごとの異常気象 https://www.data.jma.go.jp/gmd/cpd/monitor/weekly/（2024年9月4日閲覧）

大山修一・近藤史（2005）サヘルの乾燥地農耕における家庭ゴミの投入とシロアリの分解活動．地球環境，10 (1), 49-57.

大山修一・近藤史・淡路和江・川西陽一（2010）ニジェール南部の乾燥地農耕と砂漠化に対する農耕民の認識．農耕の技術と文化，27, 66-85.

大山修一（2015）『西アフリカ・サヘルの砂漠化に挑む ― ごみ活用による緑化と飢餓克服，紛争予防』昭和堂．

大山修一（2018）アフリカ農村における自給生活の崩壊と貧困，テロリズム．矢ヶ崎典隆・菊地俊夫・丸山浩明編『地誌トピック2 ローカリゼーション ― 地域へのこだわり』朝倉書店，123-131.

押井那歩（2021）D. シュロスバーグの「多次元アプローチ」に基づく「環境正義」の構造．埼玉社会科教育研究，27, 68-83.

ニュートンプレス（1989）『ニュートン別冊 地球クライシス 人類に未来はあるか？』教育社．

Alkassoum, S.I., Djibo, I, Amdou, H., Bohari, A., Issoufou, H., Aka, J. and Mamadou, S. (2019) The global burden of cholera outbreaks in Niger. An analysis of the national surveillance data, 2003-2015. *Transactions of the Royal Society of Tropical Medicine and Hygiene,* 113(5), 227-233.

da Costa, R.R., Haofu Hu, H., Li, H. amd Polsen, M. (2019) Symbiotic plant biomass decomposition in fungus-growing termites. *Insects* 10(4), 87. https://doi.org/10.3390/insects10040087

OECD (Organization for Economic Co-operation and Development) (2024) "Waste- Municipal waste: generation and treatment", OECD Environment Statistics (database). https://doi.org/10.1787/ba9da2b7-en

Oyama, S. (2012) Land rehabilitation methods based on the refuse input: local practices of Hausa farmers and application of indigenous knowledge in the Sahelian Niger. *Pedologist,* 55(3) Special Issue, 466-489.

Oyama, S. (2019) Collapse of self-sufficiency, rampant poverty, and the era of terrorism in rural Niger. *African Study Monographs supplementary,* 58, 115-132.

Schlosberg, D. (2007) *Defining environmental justice: Theories, movements, and Nature.* Oxford

University Press.

UNDP（2022）UNDP Special report, New threats to human security in the Anthropocene: Demanding greater solidarity.（UNDP 星野俊也監訳（2022）『2022 年特別報告書 ── 人新世の脅威と人間の安産保障：さらなる連帯で立ち向かうとき』日経 BP.）

United Nations, Department of Economic and Social Affairs, Population Division（2024）World Population Prospects 2024, Online Edition. https://population.un.org/wpp/Download/Standard/MostUsed/

UNICEF（2021）Responding to increased cholera cases in Niger: Gorvernment and UN delegates paid a visit to the most affected regions of Niger. https://www.unicef.org/niger/stories/responding-increased-cholera-cases-niger（2024 年 9 月 9 日閲覧）

WHO（World Health Organization）（2013）Cholera, 2013. https://iris.who.int/bitstream/handle/10665/242248/WER8931_345-355.PDF?sequence=1（2024 年 9 月 9 日閲覧）

WHO（2018）Disease outbreak news Cholera- Niger. https://www.who.int/emergencies/disease-outbreak-news/item/05-october-2018-cholera-niger-en（2024 年 9 月 9 日閲覧）

WMO（World Meteorological Organization）（2024a）July sets new temperature records. https://wmo.int/media/news/july-sets-new-temperature-records（2024 年 9 月 11 日閲覧 ）

WMO（2024b）Global seasonal climate update for July-Augsut-September 2024. https://public.wmo.int/media/update/global-seasonal-climate-update-july-august-september-2024（2024 年 9 月 11 日閲覧）

索引

AFNs（オルタナティブ・フードネットワーク）
87
APP 社（アジアパルプアンドペーパー社）76
CGIAR（国際農業研究協議グループ）102
COP27　4, 21, 105, 134, 140
CSR（企業の社会的責任）75, 81, 82, 84
CSR 評価　82, 84-86
ELSI（倫理的・社会的・法的影響）4, 112, 117, 123, 130
ESG（環境・社会・ガバナンス）82
FCP（森林保護方針）77, 78, 81, 83
IEJ（先住民族による環境正義）60
IPBES（生物多様性及び生態系サービスに関する政府間科学 - 政策プラットフォーム）
6, 7, 26, 27
JICA（国際協力機構）152
NIMBY（ニンビー）155
NTFPs（ノン・ティンバー・プロダクツ）134
PB（プラネタリー・バウンダリー）4-6, 26, 103
SDGs　10, 16-18, 30, 72, 87
UNDRIP（先住民族の権利に関する国連宣言）
63, 67

ア行
アジアパルプアンドペーパー社（APP 社）
76
アマゾン熱帯林　133-136, 138, 140
異常気象　28, 36, 53, 54, 143, 144
遺伝資源　92-96, 99, 100
異分野連携　93, 107
ウエディングケーキ　16-18, 30
ウェルビーイング　1, 10, 26, 31, 38
牛牧場　136

内と外　30
宇宙史　16, 18
埋め立て　154
栄養の二重負荷　99
エコロジカル正義　15, 17-21, 26, 29, 30
オルタナティブ・フードネットワーク（AFNs）
87
恩恵の享受　24
温暖化 → 地球温暖化を参照

カ行
海岸侵食　52-55, 65
海面上昇　28, 36, 56
顔の見えるモノ　88
化学肥料　3, 93, 94, 97, 98, 100, 102
過去・現在と将来（未来）30, 31
過疎化　31
価値観　1-4, 7, 10, 15, 21, 29, 90, 141, 147, 153, 155
価値観の多様性　141
環境コスト　101
環境・社会・ガバナンス（ESG）82
環境修復　145, 150, 154
環境条件　90-92, 96, 100, 105-107
環境・人権ガバナンス　72
環境正義　17-21, 26, 34, 38, 41, 47, 52, 58, 60, 63, 154
環境中心主義　26-29
環境被害　37, 72-74
環境不正義　3, 37, 48, 60
環境マネジメントのための国際規格　74
環境倫理学　38, 128, 129
関係価値　27
完新世　2, 16, 147

索引　159

感染症　58, 133, 144, 151, 152, 100
簡便性　15
飢餓　3, 17, 99, 103, 105, 145-147, 151, 154
飢餓撲滅　105
企業の社会的責任（CSR）　75, 81, 82, 84
気候正義　4, 8, 19-22, 28, 29, 31, 34-36, 38, 58, 59, 105, 134
逆機能　72, 84, 85, 87
逆機能としての被害の不可視化　84, 85
共生　29, 44, 93, 113
均質化　15
近代の遺産　36-39, 42, 46-48
クーデター　147
クライメート・ジャスティス → 気候正義
グリーン・ウォッシング　77
グリーン・コンシューマーリズム論　86
グレート・アクセラレーション　1, 11, 90, 102, 103
グローバル化　3, 9, 21, 36, 73, 74, 90, 99, 101, 105, 133, 140
グローバルサウス　4, 5, 8, 10, 19, 21, 23, 28, 29, 91, 92, 100, 101, 103, 105, 107, 133, 134, 136, 139, 140
グローバル商品　72, 75, 85, 86, 88
グローバル正義　19, 21, 24, 26, 28, 29
グローバルなサプライチェーン　86, 99
グローバルノース　4, 5, 8, 10, 19, 21, 23, 28, 29, 91, 92, 100, 101, 105, 133, 134, 139, 140
グローバルヘルス　9, 10
グローバルリスク　9
経済構造転換　102, 105
経済発展　4, 14, 15, 28, 90, 91, 102, 105, 107
公害輸出　73
高収量品種　93, 94, 97, 102
衡平性　20
効率化　15
国際協力機構（JICA）　152
国際資源管理認証　74, 75
国際農業研究協議グループ（CGIAR）　102
個と集合　23
個と集団の時空間をまたぐ正義　19, 21

ゴミ　143, 148-155
コレラ　151
コンポスト　155, 156

サ行

サーモン・ピープル　58
栽培管理　92, 93, 100, 106, 107
作物遺伝資源の多様性　99
サステナビリティ報告書　78, 81-83
サヘル地域　144-147, 151, 153
参加・手続きの正義　154
産業革命　1, 2, 13-15, 21, 92, 103
産業公害　72
産業造林　76
参与観察　145, 146
シーディング　113-115, 119, 120
資源　29 → 以下を参照：遺伝資源，国際資源管理認証，自然資源，自然の資源化，水資源開発
自主規制ガバナンス　75-77, 81, 85, 86, 88
自主行動方針　74, 75, 77, 78, 82, 83
自然資源　23, 24, 102, 135, 138, 139
自然の資源化　1, 10
自然保護区　133, 137, 138
持続可能な社会　8, 10, 17, 20, 22, 29, 30, 86, 140
実質 GDP　13-15
シナジー効果（相乗効果）　15
資本主義　34, 37, 60-62, 93, 101, 140, 153
社会経済的要因　11, 12
社会資本　24, 25
社会不正義　3-5, 8, 19, 23, 24, 27, 30, 133, 134, 140
社会変容　3, 4, 8, 10-12, 21, 22, 29, 90
集住化　138
修復　34, 40-42, 47, 48.145, 150, 154
修復的アプローチ　34, 40-42, 47, 48
修復的正義　38-41, 48
出アフリカ　16
狩猟採集　91, 134
循環　2, 5, 15, 17, 29, 87, 98, 101, 103, 106, 118,

119, 139, 143, 147, 152, 155
小規模農家　97, 102, 103, 106
少子高齢化　31
商業的樹木　139
承認の正義　18-21, 23, 26, 29, 30, 35, 39, 154-156
焼却灰　154
将来世代　28, 29, 31, 127
植民地化　21, 23, 24, 57, 61, 63, 64, 92, 100, 101
植民地問題　3, 8, 10.23, 27
食料イノベーション　90, 92, 102, 105-107
食料システム　91, 99, 100, 103
シロアリ　150
新型コロナウイルス　144
人口増加　12, 92, 145, 146
人口扶養力　14
真実和解委員会　59
人新世　1-5, 7, 8, 10, 11, 13, 15-17, 21, 23, 27-29, 30, 103, 143, 152
森林認証　74, 77
森林保護方針（FCP）　77, 78, 81, 83
正義 → 以下を参照：エコロジカル正義，環境正義，気候正義，グローバル正義，個と集団の時空間をまたぐ正義，参加・手続きの正義，修復的正義，承認の正義，世代間正義，手続き（的・の）正義，認識的正義，人・社会・自然の間をつなぐ正義，プロセスと結果としての正義，分配（的・の）正義，ローカル正義
脆弱化　35-38, 41, 48
生産環境　92, 96, 100, 105
生産環境制約条件　96
生産現場の多様性　90, 107
生態系サービス　6, 27
生物圏保護地域　137
生物多様性　1, 5, 6, 10, 29, 38, 47, 76, 83, 84, 102, 103, 106, 121, 139, 141, 144
生物多様性及び生態系サービスに関する政府間科学 - 政策プラットフォーム（IPBES）　6, 7, 26, 27
生命史　11, 16-18

世界遺産　52, 53, 134
世界観　6-8, 23, 26, 27, 29, 30, 38, 58, 61, 64, 65, 67
世界恐慌　11
世界大戦　11, 13, 14
責任の感覚　44, 47
責任の個人化論　86
責任の倫理　48
石油会社　136
世代間正義　19, 21, 28, 29, 31, 127
セラード　96
先住民族による環境正義（IEJ）　60
先住民族の権利に関する国連宣言（UNDRIP）　63, 67
先住民族の方法論　61-63
先住民知　56, 61, 63-65, 67
先住民問題　3, 8, 31
相互作用環　28
損失と損害　103, 105, 106

タ行

大規模機械化経営　99
大気水循環　17
太平洋ベルト地域　14
第四紀沖積層　14
大量生産・大量消費　3, 93, 95, 96
多投入・高収量生産システム　90, 92, 94-97, 99-101, 103
多様性　20, 21, 29-31, 99　なお，個別の多様性については以下を参照：価値観の多様性，作物遺伝資源の多様性，生産現場の多様性，生物多様性，被害の多様性，文化的多様性，水資源の多様性
短期的視点と長期的視点　30, 31
団粒構造　150
地域生態系　141
地域知　31
地域と地球　9, 30
地球温暖化　1, 4, 5, 8-10, 14, 19-22, 25, 28, 66, 113, 118, 133, 134, 137, 138, 140, 144
地球研コンポスト　155

地球史　11, 16-18
地球・人類の健康　100
地球―人間社会システム　9
知識の共進化　64, 66
窒素循環　98
帝国主義　60-62, 92, 100
定住化　1, 2, 16, 147
ティッピング・カスケード　5, 6, 8
デカルトの2元論　26
デジタル・スマート技術　107
手続きの正義（手続き的正義と同義）　18-21,
　23, 24, 26, 29, 30, 34, 39, 40, 126-128, 154-156
テロ　151
伝統知　31, 63, 65
道具的価値　27, 127
都市化　1, 3, 8, 10, 12, 13, 16, 21, 102, 105
都市の発達段階　　12
都市文明　152
都市をきれいに，土地をみどりに　153
土壌荒廃　149
土地荒廃　145, 153, 154
土地紛争　76-78, 80-85
ドライ・コンポスト　155
トレードオフ（二律背反）　15, 18

ナ行
内在的価値　27
内面と外観　23
ニガア条約　57
ニジェール　145-152, 154
入植植民地主義　42-46
人間例外主義　37, 38
人間中心主義　7, 26, 27, 29, 60, 129
認識的正義　39
ニンビー（NIMBY）　155
ヌナレック・プロジェクト　65-67
ネクサス　5, 18
熱帯林破壊　136
熱帯林保護　135, 140
農業技術　90, 91, 100, 101
農業多様性　96

農耕文明　1, 2, 147
農民の技術採択　107
ノン・ティンバー・プロダクツ（NTFPs）　134

ハ行
バイオテクノロジー　107
排泄物　151
発酵　155
被害の軽減　24
被害の多様性　34
被害の不可視化　4, 72-74, 76, 81, 84, 85, 87
微生物　155
人・社会・自然の間をつなぐ正義　21
人と自然の非分離主義　26
人と自然の分離主義　26, 27
人の生き方　1, 7-10, 15, 22, 26, 29, 30
貧困　2, 3, 17, 28, 34, 65, 98, 105, 145, 151, 154
不安　34-36, 80, 92, 103, 105, 106, 143, 146, 155,
　156
風土論　26
不可視化　4, 35-37, 43, 45, 48, 72-74, 76, 81, 84-
　88
負の記憶　41, 47
プライベート・ガバナンス　74
プラスチック　150, 151
プラネタリー・バウンダリー　4-6, 26, 103
プロセスと結果としての正義　21
文化的多様性　38
分配の正義（分配的正義と同義）　18-21, 23,
　24, 26, 29, 30, 35, 39, 40, 126, 127, 130, 154,
　156
平時と緊急時　13, 30, 31
包括性　20
包摂的　1, 21, 30, 31, 105, 107
包摂的な地域知・伝統知　　31
ボコハラム　146, 151

マ行
水資源開発　12
水資源の多様性　15
緑の革命　3, 8, 21, 90-95, 100-106

水俣病事件　40-42, 47, 73
民族間紛争　151
メガシティ　12, 13, 143, 152
モノカルチャー　90, 95, 99-101, 103
モノの生産・消費をめぐる社会関係のローカ
　　ル化　87
モンスーンアジア　13, 14

ヤ行
油田開発　133, 137
予防原則　121, 124-126, 130

ラ行
利己性　30, 31, 125
利他性　30, 31
緑化　145, 150-155
倫理的・社会的・法的影響（ELSI）　4, 112,
　　117, 123, 130
ローカル正義　19, 21, 24, 26, 28-30

執筆者紹介 （執筆順）

谷口 真人　たにぐち まこと　　　　　　　　　　　　　　　第 1 章担当

1987 年，筑波大学大学院博士課程地球科学研究科博士課程修了.
現在，総合地球環境学研究所 副所長・教授，国際測地学・地球物理連合フェロー，
日本地球惑星科学連合フェロー，理学博士.
専門：水文学，地球環境学.
主著：『SDGs 達成に向けたネクサスアプローチ ── 地球環境問題の解決のために
──』（編著，共立出版，2023），『*The Dilemma of Boundaries: Toward a New Concept
of Catchment*』（編著，Springer，2012），『地下水流動 ── モンスーンアジアの資源
と循環』（編著，共立出版，2011）.

福永 真弓　ふくなが まゆみ　　　　　　　　　　　　　　　第 2 章担当

2008 年，東京大学大学院新領域創成科学研究科博士課程修了.
現在，東京大学大学院新領域創成科学研究科 准教授，博士（環境学）.
専門：環境社会学，環境と倫理.
主著：『サケをつくる人びと ── 水産増殖と資源再生』（東京大学出版会，2019），『多
声性の環境倫理 ── サケが生まれ帰る流域をめぐる正統性のゆくえ』（ハーベスト
社，2010），『汚穢のリズム ── きたなさ・おぞましさの生活考』（共編著，左右社，
2023），『*Adaptive Participatory Environmental Governance in Japan: Local Experiences,
Global Lessons*』（共著，Springer，2022），『未来の環境倫理学』（共編，勁草書房，
2018）.

加藤 博文　かとう ひろふみ　　　　　　　　　　　　　　　第 3 章担当

1997 年，筑波大学大学院博士課程歴史人類学研究科博士課程単位取得満期退学.
現在，北海道大学アイヌ・先住民研究センター 教授，文学修士.
専門：先住民考古学，先住民文化遺産論.
主著：『シベリアを旅した人類』（東洋書店，2008），『いま学ぶ　アイヌ民族の歴史』
（共編，山川出版社，2018），『北東アジアの歴史と民族』（共編，北海道大学出版会，
2010），『北太平洋の先住民文化』（分担執筆，臨川書店，2024），『イチからわかる
アイヌ先住権』（分担執筆，かりん社，2023），『記号化される先住民／女性／子ど
も』（分担執筆，青土社，2022）.

笹岡 正俊　　ささおか まさとし　　　　　　　　　　　　　第4章担当

2002年，東京大学大学院農学生命科学研究科博士課程単位取得退学.
現在，北海道大学大学院文学研究院 教授，博士（農学）.
専門：環境社会学，政治生態学.
主著：『資源保全の環境人類学—インドネシア山村の野生動物利用・管理の民族誌』
（コモンズ，2012），『誰のための熱帯林保全か ── 現場から考えるこれからの「熱
帯林ガバナンス』（共編著，新泉社，2021），『東南アジア地域研究入門1　環境』（分
担執筆，慶應義塾大学出版会，2017），『森林と文化 ── 森とともに生きる民俗知の
ゆくえ ─』（分担執筆，共立出版，2019）.

飯山 みゆき　　いいやま みゆき　　　　　　　　　　　　第5章担当

2001年，東京大学大学院経済学研究科博士課程単位取得退学.
現在，国際農林水産業研究センター 情報プログラム プログラムディレクター，博
士（経済学）.
専門：開発経済学，食料システム.
主著：Iiyama M, *et al.* (2017) Understanding patterns of tree adoption on farms in semi-
arid and sub-humid Ethiopia. *Agroforestry Systems.* Iiyama M, *et al.* (2014) The potential
of agroforestry in the provision of sustainable woodfuel in sub-Saharan Africa. *Current
Opinion in Environmental Sustainability.*

笹岡 愛美　　ささおか まなみ　　　　　　　　　　　　第6章担当

2009年，慶應義塾大学大学院法学研究科民事法学専攻博士課程単位取得退学.
現在，横浜国立大学大学院国際社会科学研究院 教授，修士（法学）.
専門：商法，会社法.
主著：『世界の宇宙ビジネス法』（共編著，商事法務，2021）.

阿部 未来　　あべ みらい　　　　　　　　　　　　　　第6章担当

2024年，横浜国立大学大学院先進実践学環修了.
現在，横浜国立大学大学院国際社会科学府国際経済法学専攻後期博士課程1年.
専門：法学，気象学.

執筆者紹介　165

橋田　俊彦　　はしだ としひこ　　　　　　　　　第6章担当

1985年，東京大学大学院理学系研究科博士課程（地球物理学専門課程）修了．
現在，横浜国立大学総合学術高等研究院 客員教授，理学博士．
専門：気象学，気象社会学，防災学．
主著：『教職員のための防災事典』（分担執筆，日本体育・学校健康センター，
1998）．

山本　展彰　　やまもと のぶあき　　　　　　　　第6章担当

2023年，大阪大学大学院法学研究科法学・政治学専攻博士後期課程修了．
現在，横浜国立大学大学院国際社会科学研究院国際経済法学専攻 講師，博士（法学）．
専門：法哲学．
主著：介入主義を応用した法的因果関係論の構想」（阪大法学 72（6），pp.136-
198，2023）．

米村　幸太郎　　よねむら こうたろう　　　　　　第6章担当

2010年，東京大学大学院法学政治学研究科総合法政専攻博士課程単位取得満期退学．
現在，立教大学法学部 教授，修士（法学）．
専門：法哲学．
主著：『もっと問いかける法哲学』（分担執筆，法律文化社，2024）．

小林　知恵　　こばやし ちえ　　　　　　　　　第6章担当

2021年，北海道大学大学院文学研究科博士後期課程修了．
現在，広島大学大学院人間社会科学研究科 寄附講座助教，博士（文学）．
専門：倫理学．
主著：『入門 科学技術と社会』（分担執筆，ナカニシヤ出版，2024），『認識的不正
義ハンドブック』（分担執筆，勁草書房，2024）．

池谷 和信　　いけや かずのぶ　　　　　　　　　　　　第 7 章担当

1990 年，東北大学大学院理学研究科博士課程単位取得退学.
現在，国立民族学博物館名誉教授，総合研究大学院大学名誉教授，博士（理学），
博士（文学）.
専門：環境人類学，人文地理学，アフリカ地域研究.
主著：『トナカイの大地，クジラの海の民族誌 ── ツンドラに生きるロシアの先住
民チュクチ』（明石書店，2022），『人間にとってスイカとは何か ── カラハリ狩猟
民と考える』（臨川書店，2014），『*Global Ecology in Historical Perspective: Monsoon
Asia and Beyond*』（編著，Springer，2023）.

大山 修一　　おおやま しゅういち　　　　　　　　　　　第 8 章担当

1999 年，京都大学大学院人間・環境学研究科博士後期課程修了.
現在，総合地球環境学研究所　教授，京都大学大学院アジア・アフリカ地域研究
研究科／アフリカ地域研究資料センター 教授，博士（人間・環境学）.
専門：地理学，地域研究（アフリカ）.
主著：『西アフリカ・サヘルの砂漠化に挑む ── ごみ活用による緑化と飢餓克服，
紛争予防』（昭和堂，2015）.

カバーデザイン作成：

総合地球環境学研究所プログラム研究部　市原裕子
コンセプト：人・社会・自然のつながりと，より良い未来への変化

編者紹介

谷口 真人　　たにぐち まこと

総合地球環境学研究所 副所長・教授.
国際測地学・地球物理連合フェロー，日本地球惑星科学連合フェロー.
日本地下水学会学会賞，日本水文科学会学術賞を受賞.
日本学術会議連携会員，Future Earth Nexus KAN 運営委員.
理学博士．専門：水文学，地球環境学.
（著作ほかは執筆者紹介参照）.

	シリーズ 未来社会をデザインする Ⅰ
書　名	**包摂と正義の地球環境学**
コード	ISBN978-4-7722-8128-7　C3036
発行日	2025 年 4 月 24 日　初版 第 1 刷発行
編　者	谷口 真人 Copyright © 2025　Makoto TANIGUCHI
発行者	株式会社 古今書院　橋本寿資
印刷所	株式会社 カシヨ
製本所	株式会社 カシヨ
発行所	古今書院　〒 113-0021 東京都文京区本駒込 5-16-3
TEL/FAX	03-5834-2874 / 03-5834-2875
振　替	00100-8-35340
ホームページ	https://www.kokon.co.jp/　　検印省略・Printed in Japan

いろんな本をご覧ください
古今書院のホームページ

https://www.kokon.co.jp/

★ 800点以上の**新刊・既刊書**の内容・目次を写真入りでくわしく紹介
★ 地球科学やGIS，教育など**ジャンル別**のおすすめ本をリストアップ
★ 月刊『地理』最新号・バックナンバーの特集概要と目次を掲載
★ 書名・著者・目次・内容紹介などあらゆる語句に対応した**検索機能**

古 今 書 院
〒113-0021　東京都文京区本駒込 5-16-3
TEL 03-5834-2874　　FAX 03-5834-2875
☆メールでのご注文は　order@kokon.co.jp　へ